療癒・香氛・自然

香草風，慢・生活

監修　フローレンス めぐみ

HERBAL LIFE

親近香草的日常生活

玲瓏可愛的香草,
小小的身軀卻蘊含強大的力量。
除了香氣和味道清爽怡人,
還能由內而外為身心帶來健康與美麗。
香草擁有奧妙無窮的魅力,
請試著讓它融入自己的日常生活吧!

從小地方開始,
也許是在屋內插上一株香草美化環境,
也許在睡前為自己調配一杯香草茶,
又或許在澡盆中加入香草沐浴鹽輕鬆泡個澡。
有香草參與的日常,
生活將會變得充實,心裡也會覺得踏實。

本書收錄了許多簡單實用的小祕方,
任何人輕易地就能以香草來調味生活。
踏出親近香草的第一步吧!
你將會在各種生活場景中見證香草的力量。

CONTENTS

使用香草之前，一定要注意！

1）孕婦、產後哺乳者及各種疾病患者須多加留意

雖然香草作用溫和，一般來說都能安心使用，但某些種類的香草會因為個人的體質狀況而產生排斥現象，所以必須格外留意。尤其是孕婦、產後哺乳、病患、過敏以及目前正在服藥的人，都有應該避免使用的香草。本書的香草圖鑑（P.80至P.91）皆明列各種香草的禁用事項，請務必在使用前仔細閱讀。若有令人困擾的症狀或患有重大疾病，請務必諮詢醫師。

2）製作香草用品時，使用的工具一定要先仔細消毒後再使用

製作保養品及調味料時，請確實消毒工具和儲藏容器，避免細菌滋生。最好採取煮沸消毒。

3）使用手作保養品之前，必須先接受貼膚測試

使用手作保養品之前，請先進行貼膚測試，測試該保養品是否適用於個人體質。以棉片或紗布等沾取少量保養品敷貼在手臂內側，經過二十四小時後撕下，確認皮膚是否出現紅腫或任何異狀。若時間尚未達到二十四小時，皮膚已經有搔癢等症狀發生，請立刻停止測試。實際使用保養品時，一旦出現搔癢或紅腫等異狀，也請立刻停止使用。

CHAPTER

你一定要知道的香草基本知識

香草大部分都是常見的植物,能幫助我們變得更美麗、更健康。
一起認識香草的基本知識及香草茶的沖泡方法吧!
香草生活就從這裡開始!

香草可以養顏美容＆促進健康

為什麼香草對身體有益呢？

香草常被應用在料理和保養品上，與我們的生活息息相關。近年來世界興起一股崇尚天然的風潮，香草的健康效果也因此備受矚目。

關於「香草」目前並沒有明確的界定範疇，廣泛的定義是指「對生活有幫助的植物」。具體來說，香草蘊含了許多對人體健康有益的成分、營養等。香草不同於針對症狀治療的藥物，它幫助身體攝取各種植物成分，促進身心整體性的健全。

最近「香草門診」有逐年增加的趨勢，在西醫的體系中併用香草，香草的功效漸漸被一般人所認同與接納。

香草有助於穩定身心

不少人總是有這樣的迷思：「雖然香草既簡便又時尚，但感覺好像沒什麼功效？」不過你知道嗎？其實不少西藥的成分正是源自於香草呢！香草自古以來就被運用在各種治療上，歷史相當悠久，而香草的功效在自然療法中也一直受到高度重視。

香草的魅力在於穩定身心的作用，從視覺、嗅覺和味覺等方面來幫助提升療癒效果，其保健作用始終令人期待。雖然整體而言，香草的保健應用與中醫的論點有諸多雷同之處，不過香草屬於一種食品而非藥品，在日常生活中能夠較輕易地取得。雖然不是藥品，香草的攝取還是必須根據個人身體狀況以及植物種類小心選用，也因此每個人都應該學會香草的基礎知識。掌握了香草知識之鑰，那麼不論在料理或保養品等方面，就都能享受到自由運用的樂趣。

在生活的各種層面上廣泛應用香草吧！它能滋潤我們的身心，幫助我們度過健康愉悅的每一天。

香草使生活更加繽紛有趣

香草大多含有維他命和礦物質等對身心有益的成分，適當地攝取香草有助於逐漸改善體質，幫助舒緩令人困擾的症狀。香草分成乾燥香草（經乾燥處理的花與葉）與新鮮香草，不論以何種形式應用香草，皆不會影響到香草的原有成分。至於日常生活中攝取香草成分的途徑，大致為以下三種：

1 嗅聞香味

藉由植物的香氛直接刺激腦部，可以為身心帶來各式各樣的影響。除了常見的芳香入浴劑和乾燥花草製成的香氛劑之外，透過園藝和各類手作，也能體驗到香草的怡人芬芳。

2 肌膚接觸

把香草添加在保養品或是入浴劑之中，讓肌膚吸收植物的成分。選用香草時，要先考量個人體質，接著選擇對症的香草。但，可別只是考慮香草對身體的保健功效，請記得選用自己聞起來覺得心曠神怡的香草。

3 飲食攝取

香草本身就是植物，與一般精油不同，無論是新鮮香草還是乾燥香草，大多都能直接食用。建議將香草添入菜餚中，或者將香草萃取液應用在飲料或是零食之中，香草的用途相當廣泛。在這些眾多食用方法中，最能充分攝取到香草成分的方法就是「香草茶」，一般稱之為花草茶，只要簡單以熱水泡開茶包即可。可針對不同的症狀混搭不同的香草，複方香草茶有助於舒緩各種不適。

由平易近人的香草茶開始入門，
等到更加熟悉香草之後，再試著透過保養品、
甜點等形式來享受香草的樂趣吧！

來一杯香草茶吧！

LESSON 1
香草茶的沖泡方法

1 以熱水溫熱茶壺和茶杯。

2 在茶壺中加入一小匙的香草。
  ＊花瓣較大的乾燥香草，也可以添加到兩小匙哦！
  ＊新鮮香草的用量大約是乾燥香草的兩倍。
    請將香草切碎或搓揉後再使用。

> 1小匙＝1人份，
> 請配合人數
> 來調整匙數。

3 將180至200ml的滾水倒入茶壺中，
  蓋上壺蓋。泡3至5分鐘（平均泡3分
  鐘，若喜愛味道濃一點，可以泡久一
  點）。
  ＊新鮮香草的沖泡時間相同。
  ＊如果是使用乾燥香草的根和果實，沖泡時間為5
    至7分鐘。

4 打開壺蓋，以湯匙輕輕攪拌茶水，將香
  草濾掉之後，茶水倒至杯內即可飲用。

Point 1
泡過頭的茶水容易
有苦澀味，請特別留
意。

Point 2
如果使用鐵製或鋁
製的茶壺，可能會
使香草茶的成分變
質。

Point 3
若希望藉由香草幫
助改善體質，建議
一天可以飲用兩至
三次，並持續飲用
一段時間。

Point 4
加入蜂蜜和甜菊可
以增添甜味，茶水
會較順口好喝。

LESSON 2
複方香草茶的製作方法（乾燥香草）

1 把各種乾燥香草均勻混合。

2 保存香草的容器要煮沸消毒後風乾。容器中先放入乾燥劑，
  再放入混合過的香草。

3 於標籤貼紙上註明混合的香草名稱及製造日期，將標籤貼在
  容器上，並請儘早使用完畢。

Point 1
建議每次可以取三種香草進行混合。洛神花和德
國洋甘菊混合後泡茶，會釋放出酸中微甜的好滋
味。

Point 2
想調配具放鬆效果的配方茶時，請挑
選不含咖啡因的香草。

香草的購買&保存方法

乾燥香草

購買方法

1）挑選食用等級的香草
製作香氛劑或手作工藝用的乾燥香草，不能拿來沖泡香草茶，請務必留意。

2）挑選品質優良的香草
儘量挑選有機和無農藥等品質有保證的食用香草。建議前往值得信賴的香草專賣店購買。

3）購買需要的份量即可，以少量購買為佳
香草放太久容易產生變質，因此每次宜少量購買，買需要的份量就好。

4）購買時請確認植物的學名
某些香草會因為不同品牌而有不同的名稱，但不變的是學名。本書附錄的圖鑑中有各種植物的學名，請依據所記載的學名購買。

保存方法

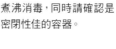

1）保存於密閉容器內
保存用的容器請確實經過煮沸消毒，同時確認是密閉性佳的容器。

2）放入乾燥劑
濕氣是保存香草的大忌，某些種類的香草容易因濕度過高而長蟲，所以一定要在保存容器中放入乾燥劑。

3）擺放在陰涼的場所
香草不耐光也不耐熱，請將香草擺放在陰涼的場所。

4）紀錄開始使用的日期
準備一張標籤貼紙，在上面寫明開始使用的日期，將標籤貼在保存容器上，並請於數月內使用完畢。如果香草已經放太久，建議不要再食用，可以拿來製作手工藝品。

新鮮香草

購買方法

1）請確認能否食用
雖然薄荷和鼠尾草普遍皆可食用，但其中也有些種類不適合泡成香草茶飲用。如果你想自己栽種香草供料理使用，購買幼苗或種子之前請務必詢問店家，確認該種類是否為食用品種。

2）請確認香草產季
溫室栽培的香草在超市幾乎全年都能買到，但某些種類的香草如果季節不對就很難買得到，所以請事先調查好香草的收穫期。

保存方法

1）保濕後存放於冰箱
即刻就要使用的香草，可先瀝乾水分後再插入水中保濕。如果想延長保鮮期，請先將廚房紙巾打濕，再以之包裹植物根部，將香草放入密封袋後保存於冰箱。

2）風乾保存
使用後剩餘的香草可進行風乾，有利於長期保存。乾燥的花草能製作成天然的香氛劑，相當實用。請以繩子捆綁香草的根部，將香草倒吊於通風良好的陰影處風乾。

BLENDED HERBAL TEA 複方香草茶

混合不同的香草搭配使用，不但有助於提升香草的保健功效，風味也會變得更好。
如果你想藉由天然的方式幫助舒緩一些慢性症狀，不妨養成飲用複方香草茶的習慣吧！

recipe 1

緩解生理痛和更年期問題……

紅玫瑰		紅萩草		穗花牡荊		洛神花
1	:	**1**	:	**1/2**	:	**1/2**

紅玫瑰、紅萩草及穗花牡荊有助於調節女性荷爾蒙。搭配洛神花飲用，口感溫潤、滋味迷人。

recipe 1

recipe 2

recipe 2

緩解畏寒和水腫的症狀……

杜松漿果		菩提葉		迷迭香
1	:	**1**	:	**1/2**

杜松漿果與菩提葉皆有助於利尿，添加迷迭香則能夠幫助改善血液循環。

* 香草茶的沖泡方法請參考P.10。

* $\textbf{1}$ 代表1小匙，為沖泡一次的份量。

recipe 3

recipe 3

舒緩令人難受的花粉症⋯⋯

羅勒　　紫錐花　　胡椒薄荷

$\textbf{1}$ ： $\textbf{1}$ ： $\textbf{1}$

羅勒能幫助舒緩過敏症狀，紫錐花則有助
於提升免疫力，兩者混合調配後，效果相
輔相成。胡椒薄荷的清涼感則可以幫助保
持呼吸道的舒暢。

recipe 4

recipe 4

感冒的時候⋯⋯

西洋接骨木花　　紫錐花　　薔薇果（野玫瑰果）

$\textbf{1}$ ： $\textbf{1}$ ： $\textbf{1}$

西洋接骨木花有助於舒緩感冒初期症狀，搭
配紫錐花調配成這一款香草茶。薔薇果可幫
助補充維他命C。

recipe 5

緩和焦躁不安的情緒……

德國洋甘菊	香蜂草	西番蓮
1 :	**1** :	**1**

德國洋甘菊有助於鎮定亢奮的神經,搭配香蜂草和西番蓮調配飲用,可提高保健功效,也能呈現清爽順口的風味。

recipe 5

recipe 6

recipe 6

輾轉難眠的夜晚……

德國 洋甘菊	香蜂草	真正薰衣草
1 :	**1** :	**1/2**

這三種香草的保健作用溫和,能夠舒緩神經壓力。薰衣草香氣怡人,有助舒緩不安的情緒,引導進入深層睡眠。

recipe 7

想促進體內排毒的時候……

蒲公英	茴香	胡椒薄荷
(1)	: (1)	: (1)

蒲公英有助於預防水腫，也能幫助排毒，茴香則有助於利尿，胡椒薄荷具有鎮靜作用，添加在配方中可作為調味。

recipe 8

胃脹不舒服的時候……

德國洋甘菊	香蜂草	檸檬香茅
(1)	: (1)	: (1/2)

德國洋甘菊有助於穩定心神並幫助健胃，香蜂草滋味清爽，檸檬香茅有助於促進消化，這三種香草可調配出令人身心放鬆的複方香草茶。

輕鬆無負擔的香氛生活

精油&香草粉

日常生活中使用香草,除了可直接使用新鮮的香草及乾燥的香草,
也可以善用精油和香草粉等加工品。
使用現成的香草加工品可節省一些處理程序,
幫助你更輕鬆地應用香草。香草的成分穩定,請仔細認識每樣香草加工品的特性,
並且在生活中靈活運用,打造出屬於自己的各種香氛手作雜貨!

精油

精油的萃取方式與萃取量,會根據植物的
種類而有所不同。

主要用於保養品及香氛入浴劑

精油是從植物(香草)中萃取出來的液狀物
體,成分天然,英文稱之為Essential Oils。擁
有強烈的香氣,揮發性強,具有脂溶性。由於
精油的濃度很高,請避免直接接觸皮膚。一般
精油以嗅聞香氣為主,使用時都要先以基底油
或酒精進行稀釋,也常常被運用在保養品的製
作上。精油通常無法食用,這點與新鮮香草或
是乾燥香草有很大的不同,請特別留意,不要
直接食用精油或將之使用於料理上。

香草粉

乾燥香草(下),香草粉(上)

可以食用的便利加工品

香草粉是以乾燥香草製作而成的粉狀產品。
香草粉不像精油那麼普遍,但是近來種類逐
漸增加,不少人對它已經不陌生。香草粉能輕
易地均勻分布在水中,不僅省事,某些香草粉
的顏色還相當漂亮,很適合添加於自製的乳
霜等保養品中。凡是標示為可食用的香草粉均
可以食用。請儘量前往值得信賴的香草專賣
店購買。

2
CHAPTER

香草樂活提案：
自製保養品&生活小物

讓香草豐富你的每一天。
香草在生活上有著廣泛的用途，不論是保養品或是各種
家居布置，香草都能無所不在！

打造一顆封印香草的寶石

美麗的潤膚甘油皂

A

金盞花和薰衣草精油常常被應用於
改善乾燥肌，與甘油皂均勻混合後，
一塊能夠幫助滋潤肌膚、效用溫和
的香氛皂就完成了。如果想在色彩上
多一些變化，可以使用新鮮的香草
和水果皮來取代金盞花。試著動手
作作看吧！

MATERIALS

（可製成一塊總重約50g的手工皂）

A {
　a 金盞花（乾燥）……… 少許（約1小撮）
　b 甘油皂 ……………… 約50g
}
　真正薰衣草精油 …… 約15滴
　c 芹菜葉（新鮮）……… 少許 } a的代用品
　d 橙皮（新鮮）…………… 少許

　工具
　耐熱的容器
　手工皂模具（矽膠模或塑膠模皆可）
　耐熱玻璃棒

HOW TO MAKE

Point

甘油皂放入冰箱後
會變得混濁，如果想保持
皂體的澄澈透明，
請放在常溫中並保持乾燥。

① 將甘油皂切小塊後倒入耐熱容器內，以
微波爐（500W）加熱約20至30秒。邊
加熱邊確認甘油皂的狀態，待融化成
液體後，立刻關掉微波爐。也可以使用
隔水加熱的方式融化甘油皂。

② 於步驟①的皂液中添加精油，以玻璃
棒攪拌均勻。

③ 把步驟②的皂液倒入模具中。

④ 在模具中的皂液裡加入金盞花。也可以改用芹菜葉和橙皮代替金盞
花。

⑤ 靜置1至2小時，使皂液完全凝固。待凝固後從模具中將皂體取
出，放在通風良好的地方風乾2至3天即完成。

＊新鮮的香草擺久了會變質發黑，請及早使用完畢。

OTHER IDEAS

繽紛多彩的手工皂

除了可以在甘油皂液中添加香草，也可以試著加
入各種香草粉或調色用的色素。盡情調配出各種
顏色的手工皂吧！

材料
薑黃暖身皂：甘油皂20g、薑黃粉（約1藥匙）
玫瑰香氛皂：甘油皂20g、粉紅色色素（約1藥
匙）、玫瑰精油3滴

花卉造型的模具可以製作出形狀可愛的手工皂。

給予肌膚溫潤的守護

加入香草與蜂蜜的手揉皂

A

B

C

在皂基中加入天然素材，藉由手捏塑形，製作起來非常簡單，很適合邀請孩子或是朋友一起同樂。皂基中添加的香草有助於改善肌膚乾燥與粗糙，仔細將香草揉進皂體中，一塊全家人都能安心使用的手揉皂就完成了。

MATERIALS

（可製成三塊各約30g的手揉皂）

A
┌ a 金盞花（乾燥）
│ 　（1g要製作成香草萃取液）… 2g
│
│ 工具
│ 茶壺
└ 濾網

B
·
C
┌ b 薰衣草（乾燥）……………… 少許
│ c 玫瑰花苞（乾燥）…………… 少許
└ 喜歡的精油 ……………………… 20滴

共同材料
┌ d 蜂蜜 …………………………1至2小匙
│ e 皂基 …………………………100g
│ 蒸餾水 …………………………30ml
│
│ 工具
└ 密封夾鏈袋

HOW TO MAKE A

① 將1g的金盞花加入茶壺內，倒入滾燙的蒸餾水浸泡3至5分鐘。使用濾網將金盞花濾掉，香草萃取液即完成。

② 將切碎的皂基放入夾鏈袋內，冷卻的香草萃取液也分次倒入夾鏈袋內，然後搓揉均勻。

②

③ 當步驟②的皂體呈現耳垂般的硬度時，加入蜂蜜，繼續搓揉均勻。

④ 將剩餘的金盞花全數加入步驟③，搓揉均勻。

⑤ 從袋中將皂體取出，動手捏塑成自己喜歡的形狀。手指可以沾一些水，方便將皂體表面抹成平滑狀。可以隨心所欲地以金盞花裝飾皂體表面。

⑥ 將手揉皂靜置於通風良好的陰涼處，風乾約2至3天即完成。

*風乾手揉皂時，請在皂體下方鋪上免洗筷等物品，可以加快乾燥的速度。

HOW TO MAKE B·C

① 先將蒸餾水加溫。將皂基放入夾鏈袋內，溫熱的蒸餾水也分次加入袋中，隔著夾鏈袋搓揉均勻。

② 當步驟①的皂體呈現耳垂般的硬度時，加入精油和蜂蜜，仔細搓揉均勻。

③ 從袋中將皂體取出，動手捏塑成自己喜歡的形狀。手指可以沾一些水，方便將皂體表面抹成平滑狀。可以隨心所欲地以薰衣草或是玫瑰花苞裝飾皂體表面。

④ 將手揉皂靜置於通風良好的陰涼處，約2至3天就能風乾。

OTHER IDEAS

讓手揉皂化身為一份贈禮……

將手揉皂擺在像右圖那樣的小木盒內，繫上蝴蝶結後，就會搖身一變，成為甜點般的可愛贈禮。也可以擺放在透明的點心盒、蛋糕盒中，請盡情發揮創意吧！

溫暖身體&鬆弛肌肉
適合按摩使用的香氛包

選用有助於發汗及促進血液循環的
香草,將不同的香草均勻混合後,就
是最適合用來按摩、放鬆肌肉的香
包。有了這個香氛包,即使在自家的
浴室,也能享受到奢華的SPA哦!

MATERIALS

（可製成一個手掌大小的香氛包）

迷迭香（乾燥）……… 30g
檸檬香茅（乾燥）…… 25g
薑（乾燥）………… 20g
薰衣草（乾燥）……… 10g
布（紗布或棉布）… 30cm×30cm
棉繩 …………… 50至60cm

工具
玻璃碗

Point 1

配方中可以依
自己喜愛的香味另外
添加一些乾燥香草。
試著玩玩看吧！

Point 2

依照自己喜愛的花色來
選擇用布也很不錯，
按摩時一定會更加愉悅！
使用過2至3次之後，
記得更換布包內的香草哦！

HOW TO MAKE

① 將各種香草放入玻璃碗中並均勻混合。
② 將布攤開，把混合均勻的香草放在中央。如果是紗布等薄布料，
　最好包兩層。
③ 以布包住香草之後，在束口處用力旋扭，使整體變成一個圓形，
　並使香氛包觸感堅硬，最後以繩子將束口綁起來即完成。

＊使用後可放入夾鍊袋內密封，置於冰箱保存。若放置超過2至3天就請不要再使用。

HOW TO USE
使用香氛包替自己按摩

以水稍微打濕整顆香氛包，放入微波爐
加熱後使用。加熱到身體可接受的溫度
後，以香氛包抵住肩膀和手臂痠痛的部
位，來回推移進行按摩。身體一旦變得暖
和，痠痛就會間接地得到舒緩。香草的成
分除了有助於滋潤肌膚，同時也能發揮保
健效果。

以微波爐（500W）加熱約40秒。＊

＊數據僅供參考，加熱的過程請隨時觀察、適時應變，避免產生加熱過度的情況。
　選用布料和繩子時，請避開化學纖維這一類易融的材質。

享受羅曼蒂克的沐浴時光

帶來好心情的香草沐浴鹽

加入了玫瑰花瓣的沐浴鹽（圖A）有
助於滋潤肌膚，而且能夠令人身心
放鬆哦！使用自製的沐浴鹽悠閒地
泡個澡，一整天的疲勞頓時全消。
如果想換個心情，也可以改用迷迭
香沐浴鹽（圖B）唷！

A

B

MATERIALS

（製成的份量約可連續使用一週）

A
- 洛神花（乾燥）…… 1小匙
- 玫瑰花瓣（乾燥）… 10g
- 蒸餾水 …………… 20ml
- 工具
- 茶壺
- 濾網

B
- 迷迭香（乾燥）…… 10g
- 喜歡的精油 ……… 20至25滴

共同材料
- 天然粗鹽 ………… 350g
- 玻璃瓶
- 工具
- 湯匙
- 碗（A要使用耐熱碗）

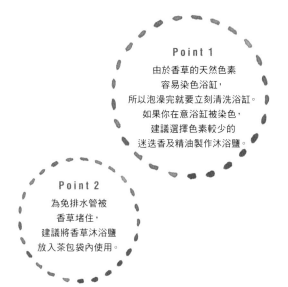

Point 1
由於香草的天然色素
容易染色浴缸，
所以泡澡完就要立刻清洗浴缸。
如果你在意浴缸被染色，
建議選擇色素較少的
迷迭香及精油製作沐浴鹽。

Point 2
為免排水管被
香草堵住，
建議將香草沐浴鹽
放入茶包袋內使用。

HOW TO MAKE A

① 將洛神花加入茶壺內，倒入滾燙的蒸餾水浸泡3至5分鐘。使用濾網將洛神花濾掉，洛神花萃取液即完成。

② 在碗內放入粗鹽，以湯匙慢慢地將洛神花萃取液加入碗內並拌勻。

③ 如果覺得碗內的水分太多，可以放入微波爐（500W）加熱約10至15秒（隨時觀察狀況適時調整）幫助去除水分。請務必攪拌均勻，讓粗鹽充分吸收洛神花萃取液。

④ 將玫瑰花瓣加入步驟③的粗鹽中，仔細摻拌均勻，接著放入保存用的玻璃瓶中即完成。請於一週內使用完畢。

②

HOW TO MAKE B

① 在碗內放入粗鹽，加入精油攪拌均勻。

② 待精油均勻滲透到粗鹽中之後，再加入迷迭香混合均勻，接著存放至保存用的玻璃瓶中即完成。請於一週內使用完畢。

OTHER IDEAS

也可以變身為居家擺飾

像右圖一樣，預先將每日用量的沐浴鹽分別裝在玻璃試管等小容器中，就會成為賞心悅目的室內裝飾品。也很適合拿來分贈給朋友哦！

為肌膚補充滿滿的維他命

薔薇果&洛神花化妝水

薔薇果和洛神花皆富含維他命，天然的紅色色素會使得製作出來的化妝水帶有美麗的色澤。這一款化妝水不僅能賦予肌膚元氣和活力，還帶有玫瑰華麗的芬芳。快動手創造一瓶專屬於你的、令人心醉神迷的化妝水吧！

MATERIALS

（成品約100ml）

薔薇果（乾燥）……1小匙
洛神花（乾燥）……1小匙
甘油 ………………… 1小匙
玫瑰精油 …………2滴
維他命E油 ………2滴（有無皆可）
蒸餾水 ……………約95ml
噴瓶

工具
茶壺
濾網
湯匙

Point 1
可置於冰箱保存，
並請於一週內
使用完畢。

Point 2
化妝水在使用前，
一定要進行貼膚試驗
（→參考P.6）。

HOW TO MAKE

① 將薔薇果和洛神花放入茶壺內，以湯匙拌勻。倒入滾燙的蒸餾水浸泡3至5分鐘。使用濾網將薔薇果和洛神花濾掉，香草萃取液即完成。萃取液冷卻後裝進噴瓶中。

② 將甘油加入裝了萃取液的噴瓶中，若有維他命E油也一起加入。適度搖晃瓶身，讓成分均勻混合。

③ 最後滴入2滴精油，適度搖晃瓶身，所有成分均勻混合後即完成。

OTHER IDEAS

來一場杜松漿果的足浴吧！

香草萃取液是藉由熱水喚發出香草的菁華，這樣的製作原理也可以輕鬆活用在足浴上。當足部水腫或是疲憊的時候，將製作好的杜松漿果萃取液（作法同上方的步驟①）倒入裝著熱水的盆子內，接著就可以悠哉地享受足浴囉！

在水中放入新鮮香草，好看又能散發清香。

温柔呵護乾燥肌膚

德國洋甘菊美體油

香草浸泡在植物油中溶出成分後，
就會化身為具有各種功效的美體
油。德國洋甘菊溫和不刺激，有助
於保護肌膚，試著以它製作成美體
油，好好呵護容易乾燥的肌膚吧！

MATERIALS

（成品約100ml）

夏威夷堅果油
（亦可使用其他基底油）… 100ml
德國洋甘菊（乾燥）……… 10g
保存用的遮光瓶

工具
玻璃瓶
廚房紙巾

Point

請使用性質穩定且
不易氧化的基底油。
除了夏威夷堅果油，
荷荷芭油、橄欖油
也是不錯的選擇。

HOW TO MAKE

① 在玻璃瓶中放入德國洋甘菊。

② 把油倒入步驟①的玻璃瓶中，讓香草稍微露出油面，蓋上蓋子。將玻璃瓶擺在有日照的地方約2至3週。

③ 每天觀察情況，可以藉由搖動瓶身讓香草均勻地浸泡到油。如果香草沒有確實浸泡在油中，容易產生發霉的情況，需要特別留意。

④ 經過2至3週後，以兩張重疊的廚房紙巾作為簡易的過濾網，濾掉步驟③油中的香草。可以搭配擰絞紙巾的動作來協助濾油。

⑤ 將濾好的油放入保存用的遮光瓶中即完成。保存時請擺放在陽光無法直射的陰涼場所，並請在2至3個月內使用完畢。

＊玻璃瓶及遮光瓶在使用前請徹底煮沸消毒。

OTHER IDEAS

金盞花美體油

有些懷孕中的女性會以金盞花油按摩肚皮，藉此預防或減少妊娠紋的生成。金盞花有助於修復並保護肌膚，只要把將上述材料中的德國洋甘菊更換成金盞花就可以囉！以溫和的美體油按摩腹部，不僅能夠呵護肌膚，也能幫助放鬆心情呢！

成分天然的護唇好物
洛神花潤唇膏

嘴唇是一個很敏感的部位,保養品的
成分需要格外謹慎。以蜜蠟和植物油
為基底,配合含有維他命C的洛神花,
打造出一款令人安心的天然潤唇膏。

MATERIALS

（製成的份量約可裝入10至15ml的圓形小盒）

a 洛神花（香草粉）………… 指尖1小撮
b 甜杏仁油
　（也可使用荷荷芭油）…… 5ml
c 精緻白蜜蠟……………… 2g
　潤脣膏盒

　工具
　耐熱燒杯
　耐熱碗
　耐熱玻璃棒

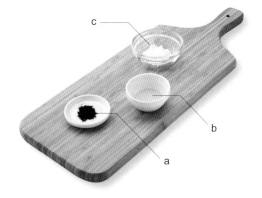

HOW TO MAKE

① 將蜜蠟擺在燒杯內，放入盛有熱水的碗中，以隔水加熱的方式將蜜蠟融化。
② 把甜杏仁油倒入步驟①中的燒杯內，攪拌均勻。
③ 將洛神花研磨而成的香草粉加入步驟②的燒杯內，仔細攪拌均勻避免結塊。
④ 將步驟③的油液倒入潤脣膏盒，然後放入冰箱，待完全凝固後即完成。

＊放入冰箱之前可以在上面撒一些洛神花小碎片作為裝飾。

Point
蜜蠟容易凝固，
因此要盡快
將油液倒入盒中。

OTHER IDEAS

德國洋甘菊潤脣膏

如果你屬於敏感肌或嘴脣嚴重乾燥龜裂，建議可以使用德國洋甘菊來製作潤脣膏。只要將上述配方中的洛神花替換成德國洋甘菊即可。除了可以使用小圓盒盛裝護脣膏，也可以如右圖使用脣膏管哦！

緩解肌膚暗沉和肌膚乾燥的好幫手
異株蕁麻敷面泥

肌膚暗沉粗糙時，不妨使用能幫助改善各種肌膚問題的異株蕁麻吧！肌膚暗沉的狀況獲得改善之後，臉就會變得白淨，肌膚也會變得水潤。

MATERIALS

（製成的份量約可使用一次）

綠石泥······················2大匙
異株蕁麻（乾燥）········1小匙
甜杏仁油···················1小匙
蒸餾水·····················30至35ml

工具
茶壺
濾網
玻璃碗
湯匙

Point 1
自製的敷面泥乾掉後
就會變硬，
因此請不要長時間
敷在皮膚上。

Point 2
塗抹時要避開
嘴巴及眼周，
敷10至20分鐘左右之後，
請以溫水輕柔地
將臉洗淨。

HOW TO MAKE

① 將異株蕁麻放入茶壺內，倒入滾燙的蒸餾水浸泡3至5分
   鐘。以濾網將異株蕁麻濾掉，香草萃取液即完成。

② 在玻璃碗中加入綠石泥，以湯匙舀起冷卻的香草萃取液，
   分次加入碗中攪拌均勻。每次加入香草萃取液時請少量添
   加，添加的總量共約1大匙。

③ 甜杏仁油逐次少量地加入步驟②的玻璃碗中，請記得攪
   拌均勻，一直到整體變成美乃滋般的硬度即可使用。

Point 3
如果綠石泥長時間和金屬、
不鏽鋼以及塑膠等材質接觸，
很容易產生質變，
所以請避免使用上述材質的
湯匙和碗。

OTHER IDEAS

迷迭香髮膜

採用與上述相同的作法，把上述配方中
的異株蕁麻更換成賦予頭皮活力的迷
迭香（右圖前方小盤），就可以製成髮
膜。可以將綠石泥更換成摩洛哥天然火
岩泥（右圖後方大盤），並且多加一些
香草萃取液，讓髮膜呈現較軟的乳霜
狀，硬度比敷面泥軟一些，這樣敷在頭
髮上會更方便一些。

以香草和緞帶就能輕鬆完成
禮物包裝の創意提案
WRAPPING IDEAS

ITEM 1

以薰衣草美化包裝的
蠟燭禮盒

包裝材料
- 薰衣草
- 盒子
- 包裝紙
- 細緞帶
- 標籤貼紙

散發著天然香氛的禮物

把親手作的香氛蠟燭仔細包裝完畢後，
以新鮮的薰衣草裝飾外包裝，質感淡雅的
禮盒就完成了。如果要長時間捧著禮盒移
動，擔心新鮮的香草時間一久會缺水凋萎
顯得無精打采，那麼建議可以改用乾燥香
草來作為裝飾。

ITEM 2

糖果形
香草奶油條包裝

包裝材料
- 迷迭香・百里香・鼠尾草
- 食品包裝用的蠟紙
- 包裝紙
- 麻繩
- 標籤

手作剩下的香草變身為吸睛的裝飾

製作香草奶油若有多餘的新鮮香草，很適
合用來美化包裝。將香草奶油條包裝成糖
果形狀，並以麻繩綁住頭尾兩端。將新鮮
的香草插在旋繞著包裝紙的麻繩之中，小
心固定。最後附上寫有香草名稱的標籤貼
紙，可愛感十足！

成功作出香草保養品和甜點時，手作的喜悅會讓人忍不住想與他人分享。
藉著洋溢大自然氛圍的包裝，將清爽的芬芳連同禮物一起送給親朋好友們吧！

ITEM 3

香草皂的
紙袋包裝

包裝材料

- 包裝用的蠟紙或油紙
- 標籤
- 細緞帶

瀰漫香草芬芳的包裝袋

選擇薄一些的蠟紙或油紙袋來包裝香草
皂。將袋口往下折並放上標籤，接著在
靠近上緣的中央處打孔，以緞帶穿孔打
結。由於禮盒並非密封包裝，香草皂的
怡人香氣會飄逸出來。

ITEM 4

手指餅乾的
透明包裝

包裝材料

- 百里香
- 可露出內容物的透明小袋子
- 標籤貼紙

手工餅乾就是一道風景

將加入了香草的手指餅乾放入透明包裝袋
內，然後把製作餅乾剩下的新鮮香草也擺
進袋子中作為裝飾，調整香草位置，讓收禮
的人從外包裝就能看得到美麗的香草。以
深色標籤貼紙封住袋口，顏色的對比能夠
加強視覺效果。

PRESENT

精心挑選香草雜貨當贈禮

禮盒套組×4
GIFT SETS FOR FRIENDS & FAMILY

SET 1

香氛包派對小禮
分贈給賓客們！

親手製作派對小禮吧！簡單包裝就
能製作出可愛的香草香氛包。挑選
透明的小袋子，可以依稀看見袋內
物，也會隱約透出植物香氣。以緞
帶穿過袋口的小孔進行封口，袋子
正面則可以點綴一些文字訊息。

·香氛包

·香氛蠟燭
·複方香草茶
·濾茶器

SET 2

安眠禮盒套組
獻給疲憊的朋友們！

將親手製作的迷迭香蠟燭和香草茶
禮品組，贈送給因疲憊不堪而難以
成眠的朋友吧！香草茶的配方中可
以使用有助於安眠的香草植物，調
配出獨創的口味。當朋友得知這是
你為他親手打造的禮物，肯定會格
外感動的！

想贈送別人香草雜貨時，請站在對方的立場來構思禮物的內容吧！挑選禮物時，一邊想著「這個很適合那個人」，一邊動手設計禮盒套組，別有一番樂趣！

・香草風味鹽&醋&油
・香草奶油條
・手指餅乾
・檸檬
・餐巾

SET 3

香草調味料禮盒組
送給酷愛美食的上司

對於喜愛美食的上司而言，贈送以香草製作而成的油、醋、奶油等調味料，想必他一定會欣然接受。製作方法雖然簡單，但手工的精緻感肯定會替成品大大加分。於鋪滿香草的籃子內，擺上生菜沙拉適用的調味料和檸檬，最後再放入適合餐後配食咖啡的手指餅乾，一切就大功告成了。

SET 4

美體保養禮盒組
贈送給剛生產完的媽咪

天然香草製成的身體保養品，很適合送給剛生產完、身體狀況還不太穩定的媽媽們。使用性質溫和的香草皂和香草美體油，並以紅豆暖暖包來溫暖腹部，想必能夠讓媽媽們消除疲勞、恢復元氣。最後再附上祝賀的留言卡和新鮮的香草吧！

・香草手揉皂
・美體油
・暖暖包
・毛巾

暖身好物

薰衣草紅豆暖暖包

這一款暖暖包只要在紅豆中添加薰衣草，再一起放入布袋即可，製作方法相當簡單。以微波爐加熱暖暖包之後，將暖暖包擺放於腰部或腹部，就能舒緩畏寒和痠痛。薰衣草會散發淡淡幽香，能夠幫助身心放鬆。

MATERIALS

（16cm×12cm的暖暖包 1個）

薰衣草（乾燥）⋯⋯⋯⋯⋯⋯ 5g
紅豆 ⋯⋯⋯⋯⋯⋯⋯⋯⋯⋯⋯ 200g
布（100%純棉或純麻材質）⋯⋯ 約19cm×27cm
＊縫份為1.5cm。

工具
棉線和縫針／碗

HOW TO MAKE

① 將布的正面對折，從背面縫製成袋狀，請留一邊當作返口。
② 在碗內放入薰衣草和紅豆，將兩者混合均勻。
③ 將步驟①的袋子從返口翻至正面，然後把步驟②的薰衣草和紅豆裝入袋內，最後縫合返口即完成。

Point

使用前將暖暖包放入微波爐，以500W加熱40秒。如果溫度太燙，就稍微放涼一下，如果放涼後感覺溫度過低，可放入微波爐再加熱5至10秒後再使用。使用數個月後，請更換袋內填充物。

由於化學纖維放入微波爐中容易起火，因此布料絕對要用100%的棉布或麻布。一天最多使用4次，加熱使用後，請間隔4小時以上再使用，因為如果暖暖包內尚有濕氣而非乾燥狀態，有時會導致起火。當皮膚出現異狀或是發熱時切勿繼續使用。暖暖包要隔著耐熱的衣服敷用，避免直接接觸皮膚，也請避免敷在黏膜上。切勿於睡眠中使用，也請勿長時間敷在同一個部位上。請注意，幼童、體力衰弱者、重大疾病患者以及飲酒者請勿使用。

想放鬆身心的夜晚……

薰衣草舒壓眼枕

散發薰衣草香味的眼枕,幫助神經
放鬆,帶來一夜好眠。由於要敷在敏
感的眼周部位,因此最好使用比紅豆
和米重量更輕的亞麻籽。

MATERIALS

(15cm×6cm的眼枕 1個)

薰衣草（乾燥）………… 15g
亞麻籽…………………… 100至130g
布（觸感柔順的布料）… 約18cm×15cm
＊縫份為1.5cm。

工具
棉線和縫針／碗

HOW TO MAKE

① 將布的正面對折,從背面縫製成袋狀,請留一邊當作
　返口。

② 在碗內放入薰衣草和亞麻籽,將兩者混合均勻。

③ 將步驟①的袋子從返口翻至正面,然後把步驟②的
　薰衣草和亞麻籽裝入袋內,最後縫合返口即完成。

> ### Point
> 薰衣草的香氣變淡時,可以試著在亞麻籽上滴1至2滴的
> 薰衣草精油,如此一來就又能享受怡人芳香了。使用期
> 限約為半年。

甜美的嗅覺饗宴
玫瑰香氛包

將乾燥的玫瑰裝在亞麻棉袋中，洋
溢著甜美香氣的香氛包就完成了。
玫瑰的香氛不僅會帶來幸福的感
受，也具有一定的抗菌效果。

MATERIALS
（ 6cm×10cm的香氛包 1個 ）

玫瑰（乾燥）‥‥‥‥‥‥‥‥ 5g
布（透氣的亞麻棉等布料）‥‥ 約9cm×20cm
 ＊縫份為1.5cm。
麻繩或緞帶‥‥‥‥‥‥‥‥‥ 約20cm

工具
棉線和縫針

HOW TO MAKE

① 將布的正面對折，從背面縫製成袋狀，請留短邊當作
 返口。

② 將步驟①的袋子從返口翻至正面，然後把乾燥玫瑰
 裝入袋內，最後以麻繩綁住袋口即完成。

> **Point**
> 如果玫瑰的香氣變淡，可以試著滴上1至2滴的玫瑰精油。
> 如果你偏愛清爽的香氣，建議可以使用迷迭香等香草來製
> 作香氛包。

抗菌是保養鞋子的第一步

鼠尾草&百里香的鞋用香氛包

以香草製成的鞋用香氛包，有助於抗菌和除臭，最適合選用的香草是鼠尾草和百里香，可幫助清淨空氣。善用香草的淨化力量，可幫助維持鞋子的清潔及舒適感。

MATERIALS

（5cm×10cm的鞋用香氛包 2個）

鼠尾草（乾燥）……約10g
百里香（乾燥）……約10g
棉布 ……………… 8cm×20cm，2份
＊縫份為1.5cm。
略大的茶包袋
麻繩或緞帶 …………約20cm

工具
棉線和縫針／碗

HOW TO MAKE

① 將布的正面對折，從背面縫製成袋狀，請留短邊當作返口。
② 在碗內放入鼠尾草和百里香，拌勻後放入茶包袋中。
③ 將步驟①的袋子從返口翻至正面，把步驟②的香草裝入袋內，以麻繩綁住袋口即完成。

> **Point**
> 以童襪來代替小布袋也是一個不錯的創意哦！

香草&乾燥花鹽罐×5

粗鹽和香草是主要材料，將兩者層層堆疊至透明的玻璃瓶內即完成。精油、乾燥花、粗鹽這樣的組合極具魅力，能夠締造出獨一無二的專屬香氣。擺在房間當裝飾，會隱約飄散出香草芬芳，營造出一種心曠神怡的輕鬆氛圍。

MATERIALS

（成品約550g）

粗鹽 ……………………… 500g
迷迭香（新鮮）………… 10g
玫瑰花瓣（新鮮）……… 7g
薰衣草（乾燥）………… 10g
金盞花（乾燥）………… 7g
紫羅蘭（乾燥）………… 7g
玻璃瓶
精油（有無皆可）
當季花卉（有無皆可）

工具
湯匙等

Point 1
粗鹽和香草平鋪
在瓶內的高度，
請依照瓶子大小適當調整。
每一層的標準高度
為1至3cm。

Point 2
將粗鹽與乾燥花
交錯層疊即完成，
所以就算是再小的
容器也能製作。

HOW TO MAKE

① 先將部分結塊的粗鹽搓開。

② 先將迷迭香和玫瑰花瓣輕輕擦乾。

③ 在瓶中加入2至3cm高的粗鹽，使用湯匙等工具將之壓平，然後在粗鹽上平鋪數公分的香草。重複這個步驟，讓香草和粗鹽交錯層疊。香草層由底部往上的排列依序為迷迭香、薰衣草、金盞花、玫瑰花瓣、紫羅蘭。也可以依個人喜好改變順序。

④ 當香草鋪到接近瓶口處時，最後請平鋪一層粗鹽，然後蓋上蓋子。蓋上蓋子之前可以在粗鹽層上滴1至2滴自己喜歡的精油，香氣會更濃郁。

⑤ 蓋好瓶蓋擺放大約2週。

⑥ 2週後打開瓶蓋，以當季花卉等裝飾瓶口即完成，別有一番風味。當然也可將成品倒入小盤子中，再放上花卉裝飾。

＊濕氣重的時候容易發霉，因此請擺在通風良好的陰涼場所。

OTHER IDEAS

試試不同的玩法，增添視覺美感

鹽罐中的乾燥花會隨著時間逐漸變得暗沉，因此如果倒出來以盤子盛裝，在視覺效果上可能會顯得美中不足。這時可以試著在乾燥花和粗鹽之中加入鮮花和貝殼，不僅能增添亮麗感，作為香氣四溢的室內擺飾品也相當不錯。

材質天然，天天使用也安心
玫瑰花蕾香氛蠟燭

使用天然素材蜜蠟製成的香氛蠟燭，燃燒時不會釋放黑煙，減少對人體的傷害，令人安心，而且也不會弄髒房間。讓玫瑰花蕾散布於蜜蠟之中，打造出浪漫的天然系蠟燭吧！

MATERIALS

（成品約150g）

a 玫瑰花蕾（乾燥）… 1小撮（切碎）
b 精緻白蜜蠟………… 100至150g
　玻璃蠟燭杯
　燭芯（棉繩）

　工具
　琺瑯鍋
　免洗筷（沒掰開的）

HOW TO MAKE

Point

可以試著在
蜜蠟凝固之際滴入
1至2滴精油，
蠟燭會更加芳香怡人。

① 將蜜蠟放入鍋子中，以小火緩緩加熱至融化。也可以採取隔水加熱。
② 利用免洗筷中間的夾縫夾住作為燭芯的棉繩，將之設置在玻璃蠟燭杯的正中央。
③ 將步驟①的蜜蠟緩緩倒入步驟②的杯子中。
④ 待蜜蠟稍微凝固時，從上方撒下玫瑰花蕾的碎屑，請注意避開燭芯附近。
⑤ 放置一段時間，當蜜蠟完全凝固即完成。

OTHER IDEAS

蜜蠟&大豆蠟

蜜蠟的英文名稱為Bees Wax，是
蜜蜂築巢時產生的天然蠟質。大豆
蠟則是以大豆萃取油為原料製作成
的蠟。由於兩者都是天然素材，有
害物質較少，所以可以製作出對人
體和環境都很友善的香氛蠟燭。建
議大家可以採用上述的方法，試著
改以大豆蠟來製作香氛蠟燭。

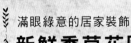

滿眼綠意的居家裝飾
新鮮香草花圈

運用像迷迭香等常見的廚房香草，簡單裝飾花圈基座，一個自然又時尚的室內裝飾就完成了。新鮮香草會散發出迷人的芬芳，可以替室內帶來清爽怡人的空氣。

MATERIALS

（可製成一個直徑約20cm的花圈）

迷迭香 ………… 莖長20至30cm，約需4至5根
鼠尾草 ⎫
尤加利 ⎪
薰衣草 ⎬ 莖長20至30cm，各需1至2根
芳香天竺葵 ⎪
檸檬馬鞭草 ⎭
麻繩 …………… 約20cm（依個人喜好）
花圈基座 ……… 直徑約20cm

工具
綠色花藝鐵絲… 約需1m

Point
擺放在涼爽通風處裝飾，
放上幾天之後就會
變成乾燥香草。

HOW TO MAKE

① 先將麻繩綁在花圈基座上作為吊繩，接著逐一將迷迭香
以綠色花藝鐵絲纏繞固定在花圈基座上。為了不讓鐵絲
外露，祕訣在於以下一根迷迭香遮住上一根的鐵絲纏繞
部位。

② 迷迭香全面覆蓋花圈基
座之後，採用與上述相同
的手法，分別以鐵絲將鼠
尾草和薰衣草等香草固定
在基座上，全數固定好後
即完成。花圈請勿過度裝
飾，如此才能展現出俐落
的時尚感。

OTHER IDEAS

乾燥香草花圈

可以試著利用乾燥的香草製作花圈，效果也很不錯。可以使用熱熔膠槍，將乾燥香草固定在花圈基
座上。花圈會呈現出幽雅的韻味，如果繫上緞帶則會增添些許的甜美感。

MATERIALS

（可製成一個直徑約15cm的花圈）

尤加利（2種）⎫
薰衣草 ⎬ 莖長20至30cm，約需2至3根
緞帶 ………………… 20至30cm
皮繩 ………………… 約20cm（依個人喜好）
花圈基座 ………… 直徑約15cm

工具
熱熔膠槍
熱熔膠條（適合熱熔膠槍的膠條）

讓屋內的空氣清新怡人
鼠尾草香氛噴霧

選用具有殺菌、抗菌效果的鼠尾草，以之製作成香氛噴霧，讓室內空氣煥然一新。建議可以添加精油，享受怡人芬芳。

MATERIALS

（成品約100ml）

鼠尾草（乾燥）……1小匙
鼠尾草（新鮮）…… 莖長4至5cm，1根
無水酒精 ………… 10ml
茶樹精油 ………… 15滴
檸檬精油 ………… 5滴
蒸餾水 ………… 90ml
噴霧瓶

工具
茶壺
濾網

Point 1
鼠尾草的種類繁多，製作室內香氛噴霧時，雖然可以選用不可食用的鼠尾草，但基於安全考量，建議選擇可食用的鼠尾草。

HOW TO MAKE

① 茶壺中放入鼠尾草（乾燥），倒入滾燙的蒸餾水浸泡3至5分鐘。以濾網將鼠尾草濾掉，香草萃取液即完成。
② 待香草萃取液冷卻後，將之倒入噴霧瓶中。
③ 添加無水酒精。
④ 滴入精油。
⑤ 在瓶內放入鼠尾草（新鮮）即完成。

Point 2
請將成品存放於冰箱，並請於2至3日內使用完畢。

OTHER IDEAS

薰衣草香味的
除蟎噴霧

以同樣的方法就能製作除蟎噴霧。只要以薰衣草取代鼠尾草就可以了。這一款除蟎噴霧帶有薰衣草溫和的香氣，噴在床單或枕頭上，能為自己帶來一夜好眠！

馨香滿屋的自然系生活

香草變身為美麗的室內裝飾

運用簡單有趣的創意,就可以使常
見的香草化身為室內裝飾品哦!

1. 將麻繩橫掛於牆面上,然後以夾子將薰衣草和迷迭香
   固定在麻繩上。如果配置在廚房附近,料理時要使用
   也很方便。

2. 將洋甘菊等新鮮香草花束,以緞帶綁好,倒掛於門把
   或衣帽架上,輕易地就成為了簡單的裝飾。裝飾在通
   風良好的地方,放上幾天後就會直接變成乾燥香草。

3. 在一字排開的試管中插上單株香草。可以選用薰衣
   草、尤加利等長莖的香草植物,比較容易裝飾。

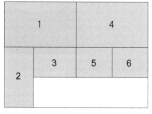

4. 讓浮水蠟燭和香草浮在盛水的花器中，打造出涼爽感十足
   的室內裝飾。於黑暗中將水上的蠟燭點燃，可以營造出如
   夢似幻的氛圍。

5. 只要在盆栽中插上植物名牌，盆栽也會變得相當時髦。名
   牌可以手工製作，建議使用刻有香草名稱的印章，蘸上耐
   水性佳的印墨，直接將文字印製在冰棒棍上。

6. 洋溢古董情調的馬口鐵桶，放入乾燥的薰衣草花束加以點
   綴，營造出充滿南法風情的花藝擺飾。

1		4	
2	3	5	6

香草迎賓小擺飾
以香草布置餐桌的創意提案
TABLE SETTING WITH LITTLE HERBS

MENU CARD
在菜單上擺設小枝的迷迭香和優雅的緞帶，成為餐桌上的視覺亮點。

NAME CARD
將當季的新鮮香草插在姓名卡上。可以試著讓賓客自行挑選喜歡的香草，一定會很有意思！

ICE CUBE
冰塊中冰封著可食用的花卉，可為花草茶增添華麗感，也可藉此妝點餐桌。

52

將香草迎賓小擺飾運用在家庭派對上，
自然而然會呈現出優雅的氛圍。

MESSAGE CARD

以夾子夾住印有文字訊息的卡片，並將之安插
於瓶中的單株香草上。卡片和香草可以讓賓客
帶回家作為紀念哦！

HAND TOWEL

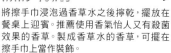

將擦手巾浸泡過香草水之後擰乾，擺放在
餐桌上迎賓。推薦使用香氣怡人又有殺菌
效果的香草。製成香草水的香草，可擺在
擦手巾上當作裝飾。

HERBAL WATER

用餐時，以冷水壺盛裝香草風味水供
賓客飲用。水壺中加入薄荷、檸檬和
柳橙，從視覺上營造出爽口感。

輕鬆萃取香草菁華

活用香草酊劑，緩解不適症狀

踏入香草的手作世界之後，經常會看到「香草酊劑」一詞。

所謂香草酊劑，就是將香草浸泡在高濃度的酒精內一段時間，藉此萃取出香草成分。

酒精能將香草的水溶性及脂溶性成分都萃取出來，成為高濃度的香草液。

一般而言，使用香草酊劑時會以茶水和保養品作為基底，在其中加入適量的酊劑。

由於酊劑的製作相當簡單，且又能長久保存，

所以平時就可以先製作好，以備不時之需。

紫錐花酊劑
幫助預防感冒及花粉症

材料 （成品約200ml）

紫錐花（乾燥）……10g
伏特加………………200ml
保存瓶

工具
濾網或紗布
玻璃瓶
遮光瓶（瓶蓋附有滴管）

作法

① 在玻璃瓶中加入紫錐花和伏特加，紫錐花可稍微露出液面。

② 每天搖動一次瓶身，浸泡約2週。

③ 約2週後，以濾網將紫錐花濾掉，將液體倒入保存瓶內，酊劑即完成。

④ 可事先將要使用的份量倒入遮光瓶內。遮光瓶可選瓶蓋附有滴管者，方便取用適量酊劑。

＊使用的瓶子請確實經過煮沸消毒。

使用方法

將酊劑放入冰箱保存，請在1年內使用完畢。添加至香草茶等基底材料時，用量大約為2至5滴。

3
CHAPTER

簡單，就很美味：
人氣香草食譜

試著取用羅勒和薄荷等香草植物，
簡單料理出美味的甜點和飲品吧！
作法簡易，輕鬆上手，心動不如馬上行動！

富含維他命的清爽好滋味
薰衣草檸檬水
& 洛神花柳橙汁

在檸檬水中添加具有放鬆效果的薰
衣草，在柳橙汁中搭配富含維他命
的洛神花。兩杯飲料都是酸甜爽口
的好滋味。

薰衣草檸檬水

INGREDIENTS
（可製成一杯）

薰衣草（乾燥）⋯⋯⋯⋯⋯	2小匙
檸檬汁⋯⋯⋯⋯⋯⋯⋯⋯⋯	約20ml
蔗糖⋯⋯⋯⋯⋯⋯⋯⋯	13g（1大匙）
水⋯⋯⋯⋯⋯⋯⋯⋯⋯⋯	約250ml
冰塊⋯⋯⋯⋯⋯⋯⋯⋯⋯	少許
胡椒薄荷（新鮮）⋯⋯⋯⋯	少許

工具
琺瑯鍋／濾網

RECIPE

① 在鍋內加入100ml的水和薰衣草，以小火熬煮。
鍋內的水沸騰後再煮2分鐘即熄火。蓋子蓋著，
燜3至5分鐘，同時也讓香草萃取液冷卻一下。

② 步驟①的萃取液濾掉薰衣草之後，加入蔗糖，以
小火加熱至蔗糖融化。

③ 待冷卻後，將萃取液倒入玻璃杯中，加入檸檬汁和
胡椒薄荷，並且添加約150ml的水稀釋，最後放入
冰塊即可飲用。

洛神花柳橙汁

INGREDIENTS
（可製成一杯）

薔薇果（乾燥）⋯⋯⋯⋯	1小匙
洛神花（乾燥）⋯⋯⋯⋯	1小匙
柳橙汁⋯⋯⋯⋯⋯⋯⋯⋯	約80ml
水⋯⋯⋯⋯⋯⋯⋯⋯⋯	約150ml
冰塊⋯⋯⋯⋯⋯⋯⋯⋯	少許
胡椒薄荷（新鮮）⋯⋯⋯	少許

工具
茶壺／濾網／湯匙

RECIPE

① 在茶壺中放入薔薇果和洛神花，以湯匙攪拌均
勻。倒入滾水燜3至5分鐘之後，以濾網將茶水過
濾乾淨，等待冷卻。

② 取一個玻璃杯，柳橙汁和冰塊加至杯身一半
的高度，再倒入步驟①的茶水，最後放上胡椒
薄荷即完成。

依照心情選擇想喝的香草飲料
茉莉綠茶
& 菊苣牛奶

如果想重振心情，帶有茉莉花香的綠茶最適合不過了！如果想悠閒享受放鬆時刻，請以有咖啡味卻無咖啡因的菊苣為自己調一杯飲料吧！

茉莉綠茶

INGREDIENTS

（可製成一杯）

茉莉花（乾燥）……… 2g
綠茶茶包 ……………… 1包（1杯份）
水 …………………… 約150ml

工具
茶包袋

RECIPE

① 將茉莉花放入茶包袋中，和綠茶茶包一起放入玻璃杯內。
② 倒入滾水，蓋上杯蓋燜2至3分鐘後，將杯內的兩個茶包取出即完成。

＊可依個人喜好讓茉莉花浮在水面上。

菊苣牛奶

INGREDIENTS

（可製成一杯）

菊苣（菊苣粉）……………… 1小匙
肉桂（碎屑）………………… 少許
牛奶 …………………………… 少許
水 …………………………… 約150ml

工具
茶包袋／奶泡器

RECIPE

① 將菊苣放入茶包袋內，然後放入杯中。倒入滾水燜3至5分鐘後，將茶包從杯中取出。
② 將打好奶泡的牛奶倒入步驟①的杯中，最後撒上肉桂屑即完成。

香氣清爽的餐前酒

檸檬香茅佐生薑調酒

這款調酒帶有生薑的辛辣口感,同時帶有檸檬香茅的清爽香氣。可幫助改善食欲不振,適合於餐前飲用。

INGREDIENTS

（可製成一杯）

檸檬香茅（乾燥）·············	10g
檸檬（薄片）·················	1片
檸檬汁 ······················	1大匙
生薑（新鮮）·················	1片
砂糖 ························	30g
琴酒 ························	3大匙
	（份量可依喜好調整。碳酸水亦可）
水 ·························	200ml

工具
琺瑯鍋／濾網

RECIPE

① 將剁碎的生薑和檸檬香茅,連同砂糖和水一起加入鍋內,以小火熬煮3至5分鐘。

② 待步驟①的茶水降溫後,將生薑與檸檬香茅濾掉,茶水倒入玻璃杯中。

③ 在步驟②的玻璃杯中添加檸檬汁,待微涼後加入琴酒拌勻。

④ 最後在杯中放入檸檬裝飾即完成。

＊可依喜好加入冰塊,並利用檸檬香茅（新鮮）等進行裝飾。

薄荷與水果交織出的美味

薄荷風味的西班牙水果甜酒

在白酒中放入新鮮水果浸泡，輕易就完成了這一款氣質淡雅的西班牙水果酒（Sangria）。在水果酒中添加薄荷後更為爽口，相當適合在派對上飲用。

INGREDIENTS

（成品約720ml）

白酒	1瓶（720ml）
蘋果	1/2個
柳橙	1/2個
檸檬	1/2個
麝香葡萄	1串
胡椒薄荷（新鮮）	少許
蜂蜜	少許（有無皆可）

工具
冷水壺

RECIPE

① 將蘋果切成喜歡的大小，柳橙和檸檬則切成薄片。

② 在冷水壺中倒入白酒，加入步驟①處理好的水果以及麝香葡萄。如果喜歡較甜的口感，可以添加蜂蜜。

③ 將步驟②的水果酒放入冰箱冰鎮一天，最後加入胡椒薄荷即完成。

打造美麗肌膚的健康好飲
歐石楠養顏糖漿

透過簡單的步驟萃取了香草的菁華，製成了這款富含健康成分的糖漿。飲用時，請以水或碳酸水稀釋。歐石楠有助於提升美白效果，搭配含有維他命C的薔薇果，幫助打造美麗的健康肌膚。

INGREDIENTS

（成品約150ml）

歐石楠（乾燥）………… 15g
薔薇果（乾燥）………… 5g
蔗糖 ………………… 100g
檸檬汁 ……………… 1大匙
水 …………………… 200ml
玻璃瓶

工具
琺瑯鍋
濾網或是紗布

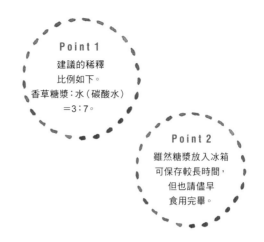

Point 1
建議的稀釋
比例如下。
香草糖漿：水（碳酸水）
＝3：7。

Point 2
雖然糖漿放入冰箱
可保存較長時間，
但也請儘早
食用完畢。

RECIPE

① 在鍋內放入水、歐石楠和薔薇果後開火，待沸騰後，以小火繼續熬煮約3至5分鐘。熄火，蓋上鍋蓋燜5分鐘。盡量讓香草萃取液呈現濃稠感。

② 以濾網將步驟①萃取液中的香草濾掉，再把萃取液倒回鍋中。

③ 在步驟②的鍋子中添加蔗糖，以小火邊煮邊攪拌至融化，待糖融化後熄火，使之冷卻，最後加入檸檬汁即完成糖漿。

④ 將香草糖漿放入玻璃瓶內，並置於冰箱保存。

OTHER IDEAS

西洋接骨木花糖漿

不少歐洲國家，從古至今都有食用西洋接骨木花的習慣。據說西洋接骨木花有助於改善感冒初期症狀，亦能緩解過敏。將上述食譜的香草替換成西洋接骨木花（乾燥），以同樣的方式製作即可。

花園派對上的香草甜菓子

在風和日麗的季節裡，
在洋溢著植物香氣的庭院裡，
舉辦一場茶會吧！

色彩繽紛的花卉冰棒、
搭配薔薇果杯子蛋糕……
準備充滿香甜味的點心和飲料，
細心款待每一位客人，
歡迎光臨這一場香草盛宴！

D

B

C

A

花園派對的甜菓子

A 好氣色的可愛甜點
薔薇果 & 莓果杯子蛋糕

INGREDIENTS
（可製成八個直徑7cm×深3cm的杯子蛋糕）

低筋麵粉 ………… 100g
泡打粉 ……………… 5g
奶油 ……………… 30g
雞蛋 ……………… 2個
蔗糖 ……………… 50g
薔薇果（粉狀）……… 10g

（蛋糕體裝飾材料）

奶油乳酪 ………… 100g
蔗糖 ……………… 30g
藍莓 ……………… 份量依個人喜好
樹莓 ……………… 份量依個人喜好
紅胡椒 …………… 份量依個人喜好
胡椒薄荷（新鮮）……… 份量依個人喜好

工具
杯子蛋糕模具／耐熱碗／
麵粉篩／奶泡器／竹籤

RECIPE

① 將所有粉類拌勻後過篩。奶油先退冰融化，可採隔水加熱，或以微波爐加熱。奶油乳酪退冰成常溫。烤箱預熱至180℃。

② 在碗內打蛋，添加蔗糖之後，以奶泡器攪拌讓蔗糖快速溶解於蛋液中。

③ 在步驟②的蛋液裡分次加入過篩的粉類，請仔細拌勻。接著加入已融化的奶油，繼續攪拌製成麵糊。

④ 將步驟③的麵糊倒入模具至八分滿，放入烤箱以180℃烘烤20分鐘。取竹籤刺入蛋糕體中，如果竹籤沒有沾黏麵糊，就代表烤好了。將蛋糕自模具中倒出，放在鐵網上靜待冷卻。

⑤ 以奶泡器拌勻奶油乳酪和蔗糖，取適量放在已冷卻的蛋糕頂端。可以再加上藍莓和樹莓，或依個人喜好放上紅胡椒和胡椒薄荷作裝飾，美麗的杯子蛋糕就完成了。

B 令人愉悅的酥脆口感
綜合香草巧克力

INGREDIENTS
（兩種巧克力片各一）

○純巧克力 ………… 90g
　茴香（乾燥）……… 少許
　胡椒薄荷（乾燥）…… 少許
　堅果類 …………… 2至3顆
　葡萄乾 …………… 少許

○白巧克力 ………… 90g
　金盞花（乾燥）……… 少許
　玫瑰花瓣（乾燥）…… 少許
　矢車菊（乾燥）……… 少許

工具
烘焙模具（形狀依個人喜好）
耐熱碗

RECIPE

① 將堅果、葡萄乾及花瓣略大的香草分別切碎。

② 巧克力隔水加熱融化後，將之倒入喜歡的烘焙模具中。

③ 趁著模具中的巧克力未凝固，均勻撒上所有的香草、堅果和葡萄乾，放入冰箱中冰鎮，待凝固後即完成。

C 以繽紛花色點綴出華麗感
薄荷巴伐利亞奶凍

INGREDIENTS
（可製成一個直徑18cm的奶凍）

（材料一：風味果膠）

胡椒薄荷（新鮮）………… 適量
食用花卉……………… 適量
蔗糖………………… 40g
檸檬汁……………… 少許
明膠粉……………… 10g
水 …………………500ml

（材料二：巴伐利亞奶凍）

牛奶………………200ml
鮮奶油………………200ml
蔗糖………………… 70g
香草精……………… 少許
明膠粉……………… 10g

工具
天使蛋糕模具／鍋子／
碗／奶泡器

RECIPE

① 先製作最上層的果膠。在鍋內倒入材料一的水、蔗糖，煮到沸騰時熄火，然後加入明膠粉使之確實溶解。待溫度降至不燙手，加入檸檬汁，果膠液即完成。

② 將胡椒薄荷和食用花卉放入蛋糕模具中，接著將步驟①的果膠液也倒入模具。

③ 將步驟②裝有果膠液的模具擺至冰箱中，等待果膠凝固的期間可製作奶凍。在鍋內倒入材料二的牛奶、1/3蔗糖，開火。牛奶一沸騰就熄火，並添加明膠粉使之溶解，放涼，直到溫度不燙手。

④ 在碗內倒入鮮奶油及剩餘的2/3蔗糖，同時加入香草精。鮮奶油打發（約七分發）之後與步驟③的牛奶攪拌均勻，奶凍液即完成。

⑤ 取出冰箱裡的模具，此時果膠已稍微凝固，將步驟④的奶凍液也倒入蛋糕模具內，整個模具再次放入冰箱冰鎮。待全體凝固後，奶凍即完成。

＊要將奶凍倒出盛盤時，可取一些熱水稍微溫熱蛋糕模具，與鍋體接觸的明膠若稍微融化一些，就能輕易取出奶凍。

D 令人愛不釋手的消暑冰品
婀娜多姿的花卉冰棒

INGREDIENTS
（總份量約300ml）

食用花卉 ……………… 3至4朵
乳酸菌飲料 …………… 300ml

工具
冰棒棍／冰棒模具組
湯匙

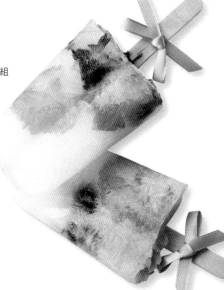

RECIPE

① 將乳酸菌飲料倒入模具內。請注意，冰棒棍在這個階段還不能放進去。

② 將步驟①的冰棒模具放入冰箱，約冰鎮1小時後取出，藉由湯匙等器具的輔助，將食用花卉置入模具中，並使之貼近邊緣。最後把冰棒棍安插在正中央。

③ 再次將模具放入冰箱，冰鎮2至3小時，待完全冰凍後，取出冰棒即可享用。

＊取出冰棒時，可在模具外側澆點溫水，會較容易取出。

愜意的咖啡時光
百里香風味的橙皮手指餅乾

手指餅乾很適合搭配咖啡一起品
嘗。在餅乾內添加百里香,有助於放
鬆身心,而橙皮的酸則會讓咖啡的
後味變得清爽。

INGREDIENTS

（約可製成12根餅乾）

全麥麵粉	120g
泡打粉	1/4小匙
鹽	1小撮
砂糖	60g
雞蛋	1個
百里香 (乾燥或新鮮都可以)	1大匙
橙皮 (糖漬橙皮)	30g
核桃	30g

工具

碗／麵粉篩

RECIPE

① 將全麥麵粉和泡打粉混合過篩,並把橙皮和核桃
切碎,烤箱預熱至180℃。

② 在碗內放入篩好的粉類、鹽、砂糖,拌勻。接著放
入蛋、百里香、切碎的橙皮及核桃,所有材料請攪
拌均勻製成麵團。

③ 在工作檯上撒上一些麵粉,放上步驟②的麵團。
翻揉麵團,直到麵團變得光滑。

④ 將麵團擀成厚約3cm的橢圓形,放在烤盤上置入
烤箱,以180℃烘焙15至20分鐘。將麵團自烤箱中
取出,待溫度不燙手後,將麵團斜切成數根寬約
2cm的條狀。

⑤ 將切成條狀的麵團切口朝上,逐一排列在烤盤上,
以180℃邊翻面邊烘烤的方式烤約10分鐘。當餅
乾的上下烘烤面皆呈現淡淡的焦色時,就可以從
烤箱取出,放涼即可食用。

很適合作為副餐的特色糕點

羅勒番茄法式鹹蛋糕

這一款具有法式鹹派滋味的鹹蛋糕，不但美味，也相當顯眼、美觀，很適合作為家庭派對上的副餐。

INGREDIENTS

（示範模具：長21cm×寬8cm×高6cm）

低筋麵粉 ……………… 130g	甜椒（切丁）……… 1個
泡打粉 ………………… 5g	櫛瓜（切圓片）……… 1條
起司粉 ………………… 40g	培根 ………………… 50g
雞蛋 …………………… 2個	羅勒粉 …………… 1/2小匙
牛奶 ………………… 100ml	奧勒岡粉 ………… 1/3小匙
鹽 ………………… 1/3小匙	羅勒（新鮮）……… 適量
黑胡椒粉 …………… 少許	
橄欖油 ……………… 70ml	
洋蔥（切末）……… 約2小顆	
小番茄（對半切）……… 8個	

工具

磅蛋糕模具／碗
麵粉篩／刮刀

RECIPE

① 將低筋麵粉與泡打粉拌勻後過篩。洋蔥切末後，先以少許橄欖油（份量外）拌炒到呈現透明色。將烤箱預熱至180℃。

② 在碗內打散全蛋，添加橄欖油和牛奶攪拌均勻，接著加入鹽、黑胡椒粉及炒過的洋蔥。

③ 在步驟②中添加步驟①過篩後的粉類以及起司粉。以刮刀從底部向上翻拌均勻。當麵糊表面尚有粉末殘留的時候，加入切丁的甜椒、切成小片的培根、奧勒岡粉、羅勒粉，繼續攪拌至均勻。

④ 將拌好的麵糊倒入蛋糕模具內，放上小番茄和櫛瓜進行點綴，放進烤箱，以180℃烘烤約50分鐘。烤好後，將蛋糕倒出模具，溫度降至不燙手時再分切蛋糕。最後在蛋糕上擺幾片新鮮羅勒葉作為裝飾。

香草風味的蜂蜜＆奶油

A

B

在平時使用的蜂蜜和奶油內增添一些香草，美味程度就會大幅提升，而且餐桌上有了香草的美麗色澤，頓時變得絢麗了起來。請搭配麵包和磅蛋糕一起享用，仔細品味香草單純而美好的滋味。

玫瑰蜂蜜

INGREDIENTS

（成品約210g）

蜂蜜
（高透明度的金合歡蜂蜜等）… 200g
玫瑰花蕾（乾燥）…………… 8g
玻璃瓶

RECIPE

① 把蜂蜜倒入玻璃瓶，將玫瑰花蕾浸泡於
　蜂蜜中，蓋上瓶蓋。
② 放入冰箱2至3天之後，取出玫瑰花蕾即可
　食用。

＊保存用的玻璃瓶請確實煮沸消毒。

> **Point**
> 以烘焙紙
> 將奶油包成棒狀，
> 放入冰箱冰鎮凝固後，
> 就可以像P.34的ITEM2
> 一樣，當成禮物送人。

A 香芹＆百里香奶油
B 迷迭香＆檸檬香蒜奶油

INGREDIENTS

（A、B成品各2大匙）

A	香芹（新鮮）……………… 1根	
	百里香（新鮮）…………… 1根	
B	迷迭香（新鮮）…………… 1根	
	檸檬皮（新鮮）…………… 少許	
	香蒜奶油…………………… 少許	
共同材料	奶油 ……………………… 2大匙	
	工具	
	廚房紙巾／奶油刀	
	碗	

RECIPE

① 將香草切碎，以廚房紙巾拭去水分。
② 把奶油置於室溫下待其軟化。把軟化
　的奶油放入碗內打發，放入步驟①的香草
　（B則是連同香蒜奶油一起放入），攪打
　均勻即完成。

OTHER IDEAS

橄欖油＆奶油
香草油凍

將橄欖油、奶油和香草一
起放入冰塊盒內冷凍，輕
輕鬆鬆就完成了創意十足
的油凍。烹飪時只要把油
凍放入平底鍋或鍋子中，
就能料理出極具香草風味
的美味佳餚。

五彩繽紛的蔬菜罐

旬味醃漬：辛香料與蔬菜的美味創作

以醋和香辛料醃漬的蔬菜相當爽口，怎麼吃都吃不膩。平時常備於冰箱，開飯時馬上就能端出來當配菜，真是很方便的手作小菜。

INGREDIENTS

（示範容器：900至1000ml的玻璃罐）

丁香（乾燥）⋯⋯⋯⋯⋯ 少許 ⎤
月桂葉（乾燥）⋯⋯⋯⋯ 1片 ⎮
芫荽（乾燥）⋯⋯⋯⋯⋯ 少許 ⎮
蒔蘿（乾燥）⋯⋯⋯⋯⋯ 少許 ⎮
黑胡椒（未研磨）⋯⋯⋯ 10顆 ⎬ 醃漬液
醋 ⋯⋯⋯⋯⋯⋯⋯⋯ 500ml ⎮
砂糖 ⋯⋯⋯⋯⋯⋯⋯ 100g ⎮
鹽 ⋯⋯⋯⋯⋯⋯⋯⋯ 1小匙 ⎮
水 ⋯⋯⋯⋯⋯⋯⋯⋯ 150ml ⎦
小黃瓜 ⋯⋯⋯⋯⋯⋯⋯ 3根
胡蘿蔔 ⋯⋯⋯⋯⋯⋯⋯ 2根
甜椒 ⋯⋯⋯⋯⋯⋯⋯⋯ 1個
白蘿蔔 ⋯⋯⋯⋯⋯⋯ 1/4根
玻璃罐

工具
鍋子

Point

蘘荷、芹菜及蓮藕等
食材也很適合作為醃漬食品，
滋味可口。
試著以當令時蔬
進行多方嘗試吧！

RECIPE

① 將胡蘿蔔、甜椒、白蘿蔔切成長度約4至5cm的蔬菜棒，並入鍋汆燙一下。白蘿蔔和胡蘿蔔等不易熟透的蔬菜，汆燙時間可以久一點。

② 以鹽巴（份量外）仔細搓揉小黃瓜，縱切成四等分後，再分切成長約4至5cm的小黃瓜條。

③ 在鍋內放入醃漬液的材料，以小火煮沸後就熄火放涼。

④ 在玻璃瓶內放入步驟①②處理好的蔬菜，然後倒入步驟③的醃漬液。蓋上瓶蓋放入冰箱，放約1至2天即可享用。

＊使用的瓶罐要確實煮沸消毒。
＊請於1週內食用完畢。

OTHER IDEAS

作為家庭派對的
伴手禮！

將五彩繽紛的醃菜裝入款式可愛的玻璃瓶罐中，就是一份不需要特別包裝的優質禮物了。色彩鮮豔的醃菜好看又好吃，以此作為禮物送給朋友們，想必會大受好評。

好食力讓你從內而外好美麗！

藜麥香草沙拉
&香草調味料

B

C

D

A

取材藜麥和蒔蘿等超級食物，淋上
以香草風味醋製作的沙拉醬，一道
營養價值極高的沙拉就完成了。也
可以改以香草浸泡油或香草風味鹽
作為沙拉調味。

A 藜麥香草沙拉

INGREDIENTS

（2人份）

藜麥	30g
小番茄	5個
燻鮭魚	40g
小黃瓜	1/2根
蒔蘿（新鮮）	少許
胡椒薄荷（新鮮）	少許

（沙拉醬）	
葡萄柚汁	2大匙
香草風味醋	1大匙
橄欖油	1大匙
鹽、胡椒	各少許

工具
碗／鍋子

RECIPE

① 在鍋內加水（份量外）煮開，撒
入一小撮鹽，將蒔蘿放入鍋內。
煮約10分鐘後將蒔蘿撈起並瀝
去水分，切小段。

② 小番茄對切，燻鮭魚切成易
入口的大小，小黃瓜切丁。

③ 以較大的碗盛裝沙拉醬的材
料，拌勻。接著把步驟①②的
食材連同切碎的薄荷也放入碗
中，攪拌均勻即可食用。

B 香草風味鹽

INGREDIENTS

（成品約40g）

奧勒岡（乾燥）
百里香（乾燥）
迷迭香（乾燥）⋯ 共20g
羅勒（乾燥）
龍蒿（乾燥）
鹽 ⋯⋯⋯⋯⋯⋯⋯⋯⋯ 20g
玻璃瓶

工具
碗／湯匙

RECIPE

① 將鹽與香草以1：1的比例倒入碗中，然後以湯匙攪拌均勻。
② 放入保存用的玻璃瓶內即完成。

Point
如果香草洗過後沒有
確實拭乾水分，
製作浸泡油或風味醋時
會很容易發霉，
請特別留意。

C 蒔蘿浸泡油

INGREDIENTS

（成品約150ml）

橄欖油 ⋯⋯⋯⋯⋯⋯ 150ml
蒔蘿（新鮮）⋯⋯⋯⋯ 1至2根
辣椒⋯⋯⋯⋯⋯⋯⋯⋯ 少許
黑胡椒（未研磨）⋯⋯⋯ 數顆
玻璃瓶（密封度高）

工具
廚房紙巾

RECIPE

① 蒔蘿清洗過後，以廚房紙巾拭去水分。
② 將蒔蘿和香辛料放入玻璃瓶內。
③ 在步驟②的玻璃瓶中倒入橄欖油，蒔蘿須完全浸泡於油液中。
④ 放置於陰暗場所，每天搖一次瓶身，共持續一週。一週後，將香草從瓶中取出即完成。

＊使用的玻璃瓶要確實煮沸消毒。
＊請於2至3週內食用完畢。

D 百里香風味醋

INGREDIENTS

（成品約150ml）

蘋果醋 ⋯⋯⋯⋯⋯⋯⋯ 150ml
百里香（新鮮）⋯⋯⋯⋯ 1至2根
辣椒⋯⋯⋯⋯⋯⋯⋯⋯ 少許
黑胡椒（未研磨）⋯⋯⋯ 數顆
玻璃瓶（密封度高）

工具
廚房紙巾

RECIPE

① 百里香清洗過後，以廚房紙巾拭去水分。
② 將百里香與香辛料放入玻璃瓶內。
③ 在步驟②的玻璃瓶中倒入蘋果醋，百里香須完全浸泡於醋液中。
④ 放置於陰暗場所，每天搖一次瓶身，共持續一週。一週後，將香草從瓶中取出即完成。

＊使用的玻璃瓶要確實煮沸消毒。
＊請於2至3週內食用完畢。

日本自古沿用至今的香草

生活中的東方香草

雖然香草給人源自於西方的深刻印象，

但其實在日本的日常生活中，

也有許多從古代沿用至今的香草，例如紫蘇、薑、柚子、魁蒿等植物都是。

生活中最常見的香草，莫過於茶葉了，富含兒茶素等對身體有益的成分。

希望你能隨時留意生活周遭的香草，

不要輕易忽視它，並試著在生活中靈活地運用這些對身體很有幫助的植物。

和風保養品：
綠茶磨砂膏

材料 （成品約150g）

綠茶粉·····························1小匙

抹茶粉·····························1至2小匙

砂糖 ·······························100g

橄欖油（椰子油亦可）······50ml

玻璃瓶

工具

碗

湯匙

作法

① 在碗內倒入綠茶粉、抹茶粉和砂糖，以湯匙攪拌均勻。

② 將油慢慢地倒入步驟①的碗內，油確實滲透於碗內的所有材料後即完成。無法立即使用完畢時，
請放入玻璃瓶中密封保存。

使用方法

挖出2大匙磨砂膏至掌中，塗抹在手肘與後腳跟，以畫圓的方式來按摩，最後以溫水輕柔洗淨。這
款磨砂膏有助於去除皮膚老舊角質，亦有助於保濕。

4
CHAPTER

香草的栽培法&小檔案

如果想更深入地了解香草，
可以參考香草圖鑑或是親手栽種看看。
建議初學者先從簡單的盆栽開始接觸。

一起來種香草吧!

享受小盆栽的園藝樂趣

如果想更深入地體驗香草生活樂趣,可以嘗試栽種香草唷!就算沒有庭院也沒關係,好好利用陽台或窗台的空間,就能栽培出各式各樣的香草盆栽。你可以將芝麻菜或羅勒這一類的香草栽種在廚房附近,製作義大利麵和飲料時,就能立刻取用,讓料理的滋味更道地。有了這些小香草的陪伴,一定可以豐富你的日常生活。一起來認識香草的簡易栽培法吧!

適合初學者的香草簡易栽培法

芝麻菜和羅勒很適合應用於料理之中,栽種香草時可優先考慮。薄荷類植物則很適合搭配甜點和花草茶使用。迷迭香和香蜂草的香氣清爽怡人,當成室內裝飾不僅會滿室芳香,製作花草茶或是手作保養品時也常是很好的材料。本篇列舉的每樣香草,都是較容易栽培的種類,請試著動手栽種看看吧!

🌱 植栽工具

下一頁介紹的植苗、播種及組盆等,都會使用到下列工具。
盆子的尺寸,請配合香草的植株大小來挑選。

❶土(香草培養土)
❷鋪土勺
❸手套
❹鏟子
❺苗株或是種子
❻盆器
❼澆花器
❽盆底石
❾盆底網
❿園藝剪刀

> 土壤和盆子的挑選要點請參考P.78

來這裡!學習如何栽種香草

埼玉県飯能市
生活の木 Medical Herb Garden
藥香草園
店內的香草苗一應俱全,店員也會詳細教導顧客栽種方法。

店鋪情報→P.94

細心教導顧客
各種香草的栽種方法

藥香草園的店長
高橋真紀女士

🌱 植苗方法

最簡單的香草栽種方法就是購買現成的苗株直接栽種。平時會下廚的你，可以先栽種適合廣泛運用於烹飪上的廚房香草。

材料準備
苗株：綠薄荷
盆器：直徑13cm ×
　　　高10cm

> **Point 1**
> 盆底石平鋪於盆內，高度約為盆高的十分之一。

> **Point 2**
> 填土的時候，請注意填土不要太滿，盆土高度應略低於盆緣幾公分，以利澆水。盆土距離盆緣的高度約為盆高的十分之一。

1 剪下一小塊盆底網，鋪於盆底。

2 將盆底石鋪至盆高的十分之一處。

3 先加入一半的盆土。在盆內先試擺苗株的位置，並預算出盆土距離盆緣的高度。

4 將苗株脫離原本的培養盆，以手稍微把根部的土壤弄鬆。請輕柔處理，避免傷到根部。

5 找出苗株的正面，將苗株安放於盆內，然後在周圍加土。能看到較多正面葉子的那一面就是苗株正面。

6 稍微抬起盆栽，再輕輕放回地上，藉此減少盆土中的空隙，然後以手由上朝下輕壓土壤。最後替盆栽澆水，當水從盆底流出即可停止給水。

🌱 播種方法

德國洋甘菊、芝麻菜等香草，無論是植苗或播種都很容易栽培成功。請試著從播種開始吧！這些植物的種子價格平易近人，而且能從中體驗到從種子開始栽種的樂趣。

材料準備
種子：芝麻菜
盆器：直徑12cm ×
　　　高10cm

> **Point**
> 日後發芽時如果冒出很多小幼苗，請進行疏苗移植，這樣會較好栽培。

1 比照植苗的步驟，先在盆底放入盆底網和盆底石。如果沒有盆底石也沒有關係。鋪土時，請先鋪入顆粒較粗的土，填土的高度請距離盆緣2cm。接著在盆土上挖出一道深約1cm的小溝，在小溝中撒入種子。以示範的盆器大小而言，建議撒入3小撮（約20顆）種子。

2 取顆粒較細的土填入盆子中，填土高度距離盆緣約1cm。接著輕壓盆土。

3 最後替盆栽澆水，當水從盆底流出即可停止給水。

🌱 組盆方法

對於香草的栽種駕輕就熟之後,你可以試著玩玩香草組盆,享受觀景盆栽DIY的樂趣。

材料準備

苗株:迷迭香
　　　檸檬百里香
　　　香蜂草
盆器:直徑20cm × 高17cm

> **Point**
>
> 不同品種的薄荷容易雜交出新的品種,因此不建議混栽、組盆。於地面上種植時,也要留意這種狀況,不同品種的薄荷盡量不要近距離栽種。

1 比照P.77的植苗方式,在盆底配置盆底網與盆底石,然後加入一半的盆土。

2 在盆內先試擺苗株的位置,替盆栽造景。高的苗株請配置在後方。苗株栽種於盆內後會向外生長,因此最初栽種時,苗株最好盡量向中央靠攏。

3 將苗株脫離原本的培養土,以手輕柔地將根部的土壤弄鬆,請避免傷到根部。

4 逐一配置苗株。填土時不要填太滿,記得調整盆土距離盆緣的高度,然後以手輕壓盆土。苗株之間的盆土以手不易按壓,可利用免洗筷輔助。最後替盆栽澆水,當水從盆底流出即可停止給水。

Advice

苗株的挑選要點
- 植株不過於纖細柔弱。
- 葉子的節間距離短。
- 色澤好且莖粗。
- 香氣怡人。
- 葉與花勻稱生長。

土壤與盆器的挑選要點
- 請根據栽種時植株的大小挑選盆器。
- 蒔蘿和茴香等體積較大的植物,請挑選深盆。
- 橫向生長的香草,請挑選寬口淺盆。
- 芝麻菜和羅勒適合盆栽種植。
- 坊間有特別為香草調配的栽培土,也可選擇赤玉土或一般培養土。只要排水良好,甚至沒什麼營養成分的土壤都可栽種。土壤的營養成分若過高,會讓香草的香味變淡。

🌱 栽培 & 收穫

只要謹記幾個祕訣，香草栽培就會很簡單。其中最重要的就是澆水。
請試著把手指插入土中，確定土壤完全乾燥再澆水。

Advice

澆水和盆栽放置的場所
- 夏季澆水的時段為早晨或是傍晚，請避開炎熱的中午。
- 冬季澆水的時段為上午，切勿在傍晚澆水，以免植物被凍傷。
- 植物請擺放在日照佳、通風良好的場所。
- 葉片容易被曬傷的植物（葉燒），夏天請擺放在陰涼處。
- 土壤乾燥時請充分澆水，土壤尚未乾燥時切勿澆水。

豐收的訣竅
- 使用剪刀採收。
- 從莖節（莖上生葉的部分）往上5mm的地方下刀。
- 採收迷迭香時，切勿剪掉沒有葉子的莖部。請採收頂端葉子多的部分。

三種香草收穫期示意圖

胡椒薄荷	1月	2月	3月	4月	5月	6月	7月	8月	9月	10月	11月	12月
植苗播種												
開花												
收穫						▨	▨					

德國洋甘菊	1月	2月	3月	4月	5月	6月	7月	8月	9月	10月	11月	12月
植苗播種												
開花												
收穫				▨	▨	▨						

迷迭香	1月	2月	3月	4月	5月	6月	7月	8月	9月	10月	11月	12月
植苗播種												
開花 ※												
收穫				▨	▨	▨						

＊開花時期因品種而異。

▨ … 最佳收穫季節

79

請參考香草圖鑑，挑選適合自身狀況的香草。
如果你正因病症所苦，且正在接受治療，使用香草之前請先向專業的醫師諮詢。

Eyebright
小米草

對應眼睛的各種問題

小米草是用來處理眼疾的代表性香草，有助於舒緩因花粉症而引起的眼睛搔癢。可製成香草茶飲用。萃取液可以敷於眼周當成眼膜來使用。

學名：Euphrasia officinalis
科名：玄參科

推薦用途：香草茶、眼膜

Echinacea
紫錐花

有助於提高免疫力

以提高身體免疫力聞名的香草，多應用於預防感冒及流行性感冒。由於有助於舒緩過敏，因此在花粉時期可以積極攝取。作為保健使用時，以連續使用8週為限。

學名：Echinacea purpurea
科名：菊科
別名：紫錐菊

推薦用途：香草茶、酊劑
備註：對菊科植物過敏者要特別留意。
請注意，患有進行性自體免疫疾病者禁用。

Elder flower
西洋接骨木花

適用於有感冒徵兆的時候

當身體出現感冒或流行性感冒的初期症狀，呼吸系統出現問題時，可試著使用。有助於發汗、利尿、解熱鎮定，亦有助於促進體內淨化。

學名：Sambucus nigra
科名：五福花科
別名：歐洲接骨木

推薦用途：香草茶、香草萃取液、香草浴、保養品、蒸氣吸入

Oregano
奧勒岡

賦予身體活力

奧勒岡香味濃郁，常見於義式料理。具有殺菌力和抗菌力，幫助舒緩消化系統的問題。能夠賦予身體活力，身體感到疲勞、精神壓力過大時可酌量使用。

學名：Origanum vulgare
科名：脣形科
別名：野馬鬱蘭、披薩草

推薦用途：香草茶、料理

Orange peel
橙皮

幫助身心放鬆

橙皮富含維他命C，還有放鬆、鎮定心神的作用。能有效舒緩感冒初期症狀、便祕和胃脹等消化系統問題。

學名：Citrus sinensis
科名：芸香科
別名：甜橙皮

推薦用途：香草茶、料理

Cardamom
豆蔻

幫助促進飯後消化

豆蔻是種常見於印度料理的香草，強烈的香氣為其一大特徵。有助於促進消化及消除口臭，建議飯後可以來杯豆蔻香草茶。

學名：Elettaria cardamomum
科名：薑科

推薦用途：香草茶、料理
備註：請注意，膽結石、膽囊病患者禁用。

Calendula
金盞花

有助於鎮定肌膚

由於有助於抗發炎，經常被使用於應對肌膚粗糙、發炎、傷口等各種肌膚問題。有助於調節荷爾蒙，幫助舒緩生理痛等症狀，對女性很有益處。

學名：Calendula officinalis
科名：菊科
別名：金盞菊

推薦用途：香草茶、香草浴、保養品、酊劑
備註：對菊科植物過敏者須特別留意。

Clove
丁香

特徵為香氣濃郁

丁香在法語的譯意為「釘子」，因為其花蕾的形狀像釘子才會獲得此名。有助於鎮痛、促進消化，自古以來常被應用於牙痛和胃痛的治療。

學名：Eugenia caryophyllus
科名：桃金孃科

推薦用途：料理、牙粉、室內香氛劑

Coriander
芫荽

緩解腸胃不適

芫荽因為「香菜」這個身分而家喻戶曉，常見於泰式料理等美食之中，然而千萬別忘了它也很適合製成香草茶。除了有助於調整腸胃狀況，還可以幫助排出腸道內的廢氣。

學名：Coriandrum sativum
科名：繖形科
別名：香菜、胡荽

推薦用途：香草茶、料理

Cornflower
矢車菊

舒緩喉嚨痛

這種香草長有鮮豔的藍色花卉。有助於消炎及收斂，除了可幫助舒緩喉嚨痛和支氣管炎，也經常應用於漱口水和保養品上。

學名：Centaurea cyanus
科名：菊科
別名：藍芙蓉

推薦用途：香草茶、料理、保養品
備註：對菊科植物過敏者須特別留意。

Safflower
紅花

促進血液循環

自古以來被當成染料使用。有助於促進血液循環，可幫助舒緩生理痛、月經不調以及更年期障礙等症狀。

學名：Carthamus tinctorius
科名：菊科

推薦用途：香草茶、料理
備註：對菊科植物過敏者須特別留意。
請注意，出血性疾病患者、消化性潰瘍病患、孕婦等禁用。

Cinnamon
肉桂

幫助溫暖身體 & 促進循環

幫助溫暖身體、舒緩畏寒及感冒等諸多症狀。亦有助於改善消化系統問題。據說還能消除腹脹。請留意勿過量攝取。

學名：Cinnamomum cassia
科名：樟科
別名：中國肉桂、桂皮

推薦用途：香草茶、料理
備註：請注意，肝功能障礙和心臟病病患、孕婦等禁用。

German chamomile
德國洋甘菊

夜晚飲用幫助放鬆

有極高的鎮靜效果，能夠幫助舒緩因精神壓力所引起的疲勞和緊張，因此泡杯花草茶於睡前飲用相當不錯。亦能幫助健胃、舒緩不適症狀、改善肌膚粗糙。

學名：Matricaria recutita
科名：菊科

推薦用途：香草茶、香草浴、保養品、敷用貼布
備註：對菊科植物過敏者須特別留意。

Juniper berry
杜松漿果

幫助排出體內陳舊廢物

利用杜松的果實來沖泡香草茶，有助於排毒，幫助排出體內毒素和陳舊廢物。亦有助於利尿，經常用於治療泌尿尿系統的感染症。

學名：Juniperus communis
科名：柏科

推薦用途：香草茶、香草浴
備註：請注意，患有腎臟功能障礙者、孕婦等禁用。

Ginger
薑

幫助溫暖身體 & 消除水腫

有助於促進血液循環並溫暖身體，舒緩畏寒、水腫和感冒初期症狀。亦有助於改善消化系統，舒緩想吐和暈車等不適感。

學名：Zingiber officinale
科名：薑科

推薦用途：香草茶、料理、香草浴
備註：請注意，孕婦禁用。
生薑對於膽結石患者有益，但請勿為了追求治療效果而過量攝取乾燥薑片。

Sweet marjoram
甜馬鬱蘭

適用於忐忑不安的時候

有助於安神鎮靜，幫助放鬆、睡眠。據說還能舒緩消化不良、肌肉痠痛、頭痛、咳嗽和支氣管炎等症狀。

學名：Oreganum marjorana
科名：脣形科
別名：馬鬱蘭

推薦用途：香草茶

Sage
鼠尾草

有助於殺菌與鎮靜

鼠尾草有助於緩解因荷爾蒙混亂所引起的焦躁不安。由於有殺菌效果，所以也被當成漱口水來幫助緩解口腔和喉嚨不適症狀，亦有助於預防感冒。高用量使用者切勿連續使用超過3週以上。

學名：Salvia officinalis
科名：脣形科

推薦用途：香草茶、香草浴、保養品、敷用貼布、室內香氛、鞋用香氛包
備註：請注意，有癲癇症狀、高血壓、糖尿病患者，以及孕婦、哺乳中婦女等禁用。

St.John's wort
聖約翰草

幫助改善情緒低落

有助於鎮定，萃取液有助於緩解燒傷、一般傷口、神經痛等症狀。據說也可幫助調整荷爾蒙混亂、改善精神層面上的不適（如沮喪和不安）。

學名：Hypericum perforatum
科名：金絲桃科
別名：貫葉連翹

推薦用途：香草茶、酊劑
備註：請注意，孕婦、哺乳中婦女禁用。現正服用抗HIV藥、抗凝血劑藥、免疫抑制劑、口服避孕藥、狹心症藥、支氣管擴張藥、抗癲癇藥、抗心律不整藥的病患，因會產生藥物相互作用，因此使用前必須向醫師諮詢。

Thyme
百里香

抗菌效果強的香草

抗菌效果強，有助於舒緩喉嚨痛和感冒等諸多症狀。製作香草茶時，多半與其他香草混搭飲用。可應用於料理、漱口藥及保養品等方面，用途相當廣泛。

學名：Thymus vulgaris
科名：脣形科

推薦用途：香草茶、料理、漱口藥、保養品
備註：請注意，孕婦、高血壓患者禁用。

Turmeric
薑黃

有助於提升肝臟機能

在日本以「鬱金」之名廣為人知，有助於提高肝臟機能，相當適合有飲酒習慣者。亦有助於改善貧血。請留意切勿攝取過量。

學名：Curcuma longa
科名：薑科
別名：黃薑、春鬱金

推薦用途：香草茶、料理、保養品
備註：請注意，孕婦、肝功能障礙者、有胃疾者禁用。

Dandelion
蒲公英

有助於解毒與體內淨化

蒲公英有助於解毒，幫助促進體內淨化。主要能支援
肝臟、腎臟及消化系統。亦有助於利尿，對於改善水
腫和膀胱炎很有幫助。

學名：Taraxacum officinale
科名：菊科

推薦用途：香草茶、酊劑
備註：對菊科植物過敏者、有膽汁引流流管、有膿囊病症狀者須
特別留意。

Chaste tree
穗花牡荊

有助調整女性荷爾蒙

有助於調整女性荷爾蒙，對應月經不調及更年期障
礙等症狀。亦有助於舒緩因荷爾蒙混亂所導致的身
心不適症狀。

學名：Vitex agnus-castus
科名：馬鞭草科
別名：聖潔梅、西洋牡荊

推薦用途：香草茶、酊劑
備註：請注意，孕婦禁用。現正服用口服避孕藥者使用前必須
向醫師諮詢。

Chicory
菊苣

有助於體內排毒

將煎過的菊苣根煮成茶飲會有一種咖啡般的味道。
有助於利尿、改善消化系統機能。於飯後飲用一杯菊
苣香草茶，可幫助促進排毒與消化。

學名：Cichorium intybus
科名：菊科
別名：皺葉苦苣、明目菜

推薦用途：香草茶、料理
備註：對菊科植物過敏者須特別留意。有膽結石病史者，使用
前必須向醫師諮詢。

Dill
蒔蘿

幫助舒緩消化系統問題

外觀與茴香相似，經常被使用在料理上。有助於舒緩
胃痛、便祕等消化系統的症狀。

學名：Anethum graveolens
科名：繖形科
別名：野茴香、土茴香

推薦用途：香草茶、料理、香氛乾燥花

Nettle
異株蕁麻

對應花粉症等過敏症狀

富含維他命和礦物質,多被應用於舒緩花粉症、特異反應等過敏症狀,亦有助於緩解風濕和痛風的疼痛。同時也具有造血機能,是貧血女性的保健良伴。

學名:Utrica dioica
科名:蕁麻科

推薦用途:香草茶、料理、保養品

Hibiscus
洛神花

幫助恢復疲勞 & 排毒

爽口的酸味為其一大特徵。富含維他命C和檸檬酸,有助於恢復疲勞。同時也有助於利尿,幫助舒緩水腫。想排毒的時候,不妨來杯洛神花茶吧!

學名:Hibiscus sabdariffa
科名:錦葵科
別名:玫瑰茄

推薦用途:香草茶、料理、保養品、香草浴

Basil
甜羅勒

有助於促進消化

義式料理經常使用到的香草。具有抗菌作用,除了有助於舒緩感冒和口內炎等症狀,亦有助於促進消化及健胃,幫助緩和胃部不適症狀。具有抗憂鬱作用,可幫助放鬆。

學名:Ocimum basilicum
科名:脣形科
別名:義大利羅勒、大葉羅勒

推薦用途:香草茶、料理
備註:請注意,孕婦、哺乳中婦女切勿大量攝取。

Passion flower
西番蓮

適用於想放鬆的時刻

有助於鎮定神經及放鬆身心,經常被應用於治療失眠。與其他的香草調配成香草茶,保健效果會更顯著。亦有助於改善生理痛和PMS(經前症候群)。

學名:Passiflora incarnata
科名:西番蓮科
別名:受難花

推薦用途:香草茶、酊劑

Heather
歐石楠

有助於利尿 & 美白

有助於利尿，對應泌尿系統問題。由於含熊果素，亦有助於提升美白效果，經常使用在保養品上。可幫助舒緩肌肉痛和腰痛。

學名：Calluna vulgaris
科名：杜鵑花科
別名：蘇格蘭石楠

推薦用途：香草茶、香草浴、保養品

Fennel
茴香

幫助提高消化機能

茴香可幫助提高消化機能，改善腹脹。因為含有類似女性荷爾蒙的成分，因此也常被應用於舒緩生理痛和更年期等症狀。對於哺乳期的婦女而言，有助於催乳。

學名：Foeniculum vulgare
科名：繖形科

推薦用途：香草茶、料理、漱口、酊劑

Blue mallow
錦葵

幫助緩解喉嚨痛和胃炎

雖然花朵為紫紅色，但泡成花草茶後，就會呈現美麗的藍色。具有保護黏膜的作用，能舒緩喉嚨痛和腸胃發炎等症狀。也經常使用於對應肌膚問題。

學名：Malva sylvestris
科名：錦葵科
別名：藍錦葵、紫羅蘭

推薦用途：香草茶

Peppermint
胡椒薄荷

幫助緩解胃脹與嘔吐感

有助於消化，幫助舒緩胃脹及嘔吐感。亦能幫助心情放鬆。夏天洗個薄荷香草浴，就能享受到清爽怡人的香氣和舒適的涼快感。

學名：Mentha piperita
科名：脣形科

推薦用途：香草茶、保養品、香草浴、室內香氛

Mate
巴拉圭冬青

營養豐富的「喝的沙拉」

巴拉圭冬青營養豐富，又被稱為「喝的沙拉」。富含維他命和礦物質等營養素，能夠賦予身體活力。含有咖啡因，因此有助於活化頭腦。須留意勿過量或長期攝取。

學名：Ilex paraguayensis
科名：冬青科

推薦用途：香草茶（瑪黛茶）
備註：孕婦、現正服用氣喘等藥物（麻黃鹼成分藥劑）者，務必向醫師諮詢。

Mulberry
白桑

幫助抑止糖分吸收

因為養蠶需要「桑葉」，所以這種植物廣為人知。有助於抑止糖分吸收、調整血糖值，可幫助預防糖尿病。如果你正受生活習慣病所困擾，建議可於飯前攝取。

學名：Morus alba
科名：桑科

推薦用途：香草茶、保養品

Yarrow
西洋蓍草

幫助促進血液循環 & 改善畏寒

有助於促進血液循環，常應用於緩解畏寒、生理痛、更年期障礙等症狀。對於感冒和腸胃問題也有幫助，是公認的萬用香草。

學名：Achillea millefolium
科名：菊科
別名：洋蓍草

推薦用途：香草茶、香氛乾燥花
備註：對菊科植物過敏者須特別留意。請注意，孕婦禁用。

Raspberry leaf
覆盆子葉

有助於順產的香草

覆盆子俗稱為「順產香草」，在生產前後飲用有助於分娩、促進產後體力恢復。亦有助於舒緩生理痛等各種婦女病。

學名：Rubus idaeus
科名：薔薇科

推薦用途：香草茶
備註：請注意，懷孕初期婦女禁用。

Lavender

真正薰衣草

適用於想放鬆的時刻

有助於身心放鬆，對應因壓力造成的各種不適，尤其是失眠、頭痛、腸胃問題等。亦可幫助修復肌膚，具抗菌作用，經常應用於保養品的製作。

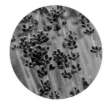

學名：Lavandula angustifolia
科名：脣形科

推薦用途：香草茶、香草浴、保養品、酊劑、暖暖包、眼枕

Liquorice

甘草

對應呼吸系統問題

名符其實，「甘草」帶有明顯的甘甜味。保健上的應用除了能對應呼吸系統問題和過敏症狀，亦有助於調整腸胃狀況、舒緩更年期症狀。請避免長期服用和攝取過量。

學名：Glycyrrhiza glabra
科名：豆科

推薦用途：香草茶
備註：請注意，腎臟病患者、肝臟病患者、高血壓患者、低鈣血症患者、孕婦、哺乳中婦女禁用。

Linden

菩提

有助於鎮靜的溫和香草

能夠幫助舒緩壓力和安神鎮靜，緩和神經性胃痛、頭痛和失眠等症狀。亦能促進發汗，常應用於對應感冒初期症狀。保健效果溫和，無論男女老幼皆能安心使用。

學名：Tilia europaea
科名：椴樹科
別名：西洋菩提、西洋椴樹

推薦用途：香草茶、保養品、美容蒸面、酊劑

Rocket

芝麻菜

適用於想維持青春和健康的人

芝麻菜不僅常應用於義式料理，近來也被當成生菜沙拉食用而廣受歡迎。含有維他命C和葉酸，有助於軟化血管和美肌，幫助維持青春與健康。

學名：Eruca vesicaria
科名：十字花科
別名：箭生菜

推薦用途：料理

Red clover
紅菽草

幫助緩解女性多種困擾

有助於鎮靜、消炎，幫助舒緩咳嗽和支氣管炎等感染症。具有和女性荷爾蒙作用相似的成分，因此經常應用於緩解生理痛和更年期障礙的症狀。

學名：Trifolium pratense
科名：豆科
別名：紅花三葉草

推薦用途：香草茶、香草浴
備註：請注意，孕婦禁用。

Lemon grass
檸檬香茅

有助於調整腸胃狀況

具有抗菌作用，被用來對應腹瀉、感冒等感染症狀。也有調整腸胃狀況的作用，作為飯後茶對身體有益。也推薦用來對應夏季倦怠症導致的食欲不振，以及消除胃脹。

學名：Cymbopogon citratus
科名：禾本科
別名：檸檬草、香茅草

推薦用途：香草茶、料理、香草浴、防蟲噴霧
備註：請注意，孕婦禁用。

Lemon verbena
檸檬馬鞭草

適用於失眠和心神不寧的時候

經常應用於舒緩不安、改善失眠和放鬆等。有助於緩解食欲不振和想吐等消化系統問題。其散發的清爽香氣可幫助提振食欲，是種很受歡迎的食材。

學名：Lippia citriodora
科名：馬鞭草科
別名：馬鞭梢

推薦用途：香草茶、料理、酊劑

Melissa
香蜂草

舒緩壓力

有助於緩解壓力、抗憂鬱、鎮靜，尤其能幫助舒緩因壓力引起的消化系統問題。亦能幫助抗菌及發汗，緩解感冒症狀。

學名：Melissa officinalis
科名：脣形科
別名：檸檬香蜂草、香水薄荷

推薦用途：香草茶、香草浴、酊劑、保養品

Lemon peel
檸檬皮

預防感冒及恢復疲勞

經乾燥處理過的檸檬皮具有清爽的香氣，可幫助促進
食欲。有助於抗菌及解熱，富含維他命C和檸檬酸，
因此也能幫助預防感冒及恢復疲勞。

學名：Citrus limon
科名：芸香科

推薦用途：香草茶、料理

Rose
玫瑰

美人的必備香草

玫瑰散發出浪漫的香氣，容易使人興致高昂且積極開
朗。經常應用於舒緩與經期相關的不適症狀。有助於
保養健康肌膚，推薦使用在保養品上。

學名：Rosa spp.
科名：薔薇科

推薦用途：香草茶、香草浴、保養品、美容蒸面、香氛袋

Rose hip
薔薇果

富含對肌膚有益的成分

又名「野玫瑰果」，所含的維他命C是檸檬的20至30
倍，帶有爽口的酸味。有助於預防貧血，並幫助恢復
疲勞。富含單寧酸、多種維他命、類黃酮等對肌膚有
益的成分。

學名：Rosa canina
科名：薔薇科
別名：大薔薇（dog rose）、歐洲野薔薇

推薦用途：香草茶、料理、保養品

Rosemary
迷迭香

幫助延緩老化

具有強烈的抗氧化作用，有助於改善血液循環、延緩
老化。能夠幫助刺激腦部及神經，緩解頭痛。近年來
在預防老年癡呆症的領域上也是備受矚目的香草。

學名：Rosmarinus officinalis
科名：脣形科

推薦用途：香草茶、香草浴、保養品、酊劑
備註：請注意，重度高血壓患者禁用。
孕婦請勿大量攝取。

香草保健功效一覽表

		小米草	紫錐花	西洋接骨木花	奧勒岡	橙皮	豆蔻	金盞花	丁香	芫荽	矢車菊	紅花	肉桂	德國洋甘菊	杜松漿果	薑	甜馬鬱蘭	鼠尾草	聖約翰草	百里香	薑黃	蒲公英
女性困擾	肌膚粗糙		●	●				●						●						●		
	美白																					
	生理痛·月經不調							●				●		●				●	●			
	更年期											●						●	●			
	延緩老化							●						●								
	排毒（排出體內廢物）			●				●							●	●					●	●
改善體質	畏寒							●					●	●	●	●						
	水腫			●				●							●	●						●
	貧血			●										●								
	預防口臭					●	●		●	●								●				
	花粉症·過敏	●	●	●										●								
身體不適	便祕						●								●	●					●	●
	胃部不適						●	●						●		●						
	感冒	●	●	●			●	●						●		●						
	眼睛問題	●									●			●								
	頭痛		●							●							●					
	疲勞					●	●							●		●						
	肩膀痠痛													●	●	●	●			●		
	咳嗽·喉嚨痛		●		●													●		●		
調整情緒	轉換心情					●	●															
	放鬆					●								●		●		●				
	憂鬱·焦躁不安			●		●	●							●					●			
	失眠													●		●			●			
	舒壓			●	●	●								●			●		●			

92

本頁表列出常用香草的保健作用。
可參閱本表，依照本身不適症狀酌量使用。

穗花牡荊	菊苣	蒔蘿	異株蕁麻	洛神花	甜羅勒	西番蓮	歐石楠	茴香	錦葵	胡椒薄荷	巴拉圭冬青	白桑	西洋蓍草	覆盆子葉	真正薰衣草	甘草	菩提	芝麻菜	紅菽草	檸檬香茅	檸檬馬鞭草	香蜂草	檸檬皮	玫瑰	薔薇果	迷迭香
●			●	●			●		●			●	●		●		●	●	●				●	●	●	●
			●																				●	●		
			●										●						●					●		
●			●									●	●	●	●	●			●							
			●																							●
	●		●	●									●				●		●					●		
							●					●			●											
	●		●			●	●										●		●							
			●																					●	●	●
					●		●	●	●						●	●										
			●																		●			●		
●	●		●				●	●	●						●							●		●		●
	●		●	●		●							●		●	●										
			●																					●		
				●	●					●				●												
			●	●	●										●				●				●			
			●	●											●									●		
							●																			
					●				●							●				●		●				●
					●	●									●								●			
							●		●						●	●						●		●	●	
						●	●								●	●				●				●		
							●		●						●	●			●	●	●	●		●		
							●		●						●	●			●	●	●	●				●

93

香草商家嚴選名單

香草以及相關產品，到專賣店購買是比較令人安心的。
請選擇貨色齊全、品質優良、值得信賴的商家。

● 香草園

園內餐廳
園內餐廳名為ヤハラテナ，在此可以享用各種以香草烹調的料理。其中午餐最受歡迎，週末有時候甚至要排隊。

烘焙工房
店鋪中陳列著自家烘焙、新鮮出爐的麵包和甜點。店內販售的香草茶及咖啡皆提供試喝。

讓顧客領略到多采多姿的香草魅力

生活の木 Medical Herb Garden 藥香草園

在這座香草花園裡，一年四季大約總共可觀賞到200種植物。「生活の力量」（日本知名芳療與香草販售機構）在園區內以「香草力量」為主題打造了許多專業設施，這是此處的一大特色。漫步在寬廣的花園中，顧客可以愜意地選購苗株、聆聽講座、體驗香草蒸餾等活動，藉由各式各樣的形式接觸香草。

▶ 埼玉県飯能市美杉台1-1
　　電話：042-972-1787

營業時間：商店 10:00～18:30
餐廳・烘焙工房・Garden House 10:00～18:00
※餐廳最後點餐時間為17:00（午餐時間為11:30～14:00）
※Garden House冬季（11月～2月）營業時間只到17:00
公休日：週一（節慶日除外）
入場費：免費
HP：www.treeoflife.co.jp/garden/yakukouso

香草小鋪
店內售有精油、乾燥香草及超級食物等等，也售有「生活の木」品牌旗下各種芳療和香草商品。

● 販售香草商品的店鋪

生活の木 原宿表參道店

香草和芳療產品一應俱全，是「生活の木」的資訊傳播據點。店內還附設阿育吠陀按摩館、茶館以及香草生活學院等機構。

▶ 東京都渋谷区神宮前6-3-8 Tree of life 1F
　　電話：03-3409-1778

營業時間：11:00～21:00
公休日：全年無休　※新年期間有休息
HP：www.treeoflife.co.jp/shop/kanto/tokyo/harajyuku

◉ 香草苗株與種子專賣店

PROTOLEAF Garden island玉川店

「Garden island」除了
有園藝店,同時設有咖
啡廳、寵物店、戶外用品
店。園藝店的占地不小,
香草苗株的貨色相當齊
全。

▶ 東京都世田谷区瀬田2-32-14　玉川高島屋S・C
　 Garden island 2F　電話:03-5716-8787

營業時間:10:00～20:00
公休日:1月1日
HP:www.protoleaf.com/home/gardenisland.html

SAKADA SEED Garden Center 橫濱

SAKADA SEED的直營
店,店內在旺季時會進
貨約100種的苗株。日本
鮮少有店家代理的有機
種子這裡也買得到。

▶ 神奈川県横浜市神奈川区桐畑2番地
　 電話:045-321-3744

營業時間:10:00～18:30
公休日:1、2、7、8月每週三及歲末年初
HP:www.sakataseed.co.jp/gardencenter/

◉ 香草茶專賣店

Enherb Atre Ebisu(惠比壽店)

店面陳列著70種基本香
草。提供客製品牌服務。
由於座落在車站大廈中,
交通方便,一般民眾通
勤返家時會順道繞去逛
逛。

▶ 東京都渋谷区恵比寿南1-5-5 Atre Ebisu 5F
　 電話:03-5475-8444

營業時間:10:00～21:30
公休日:依店鋪公告
HP:www.enherb.jp

CHARIS成城 成城本店

在全國設有分店,是一
家老牌的香草專賣店,
代理超過200種的香草
茶。成城本店也同時設
有理療室。

▶ 東京都世田谷区成城6-15-15
　 電話:03-3483-1981

營業時間:10:00～19:00
公休日:歲末年初
HP:www.charis-herb.com

◉ 新鮮香草專賣店

紀伊國屋 INTERNATIONAL(青山店)

全年販售15種以上新鮮
香草。香草的品質很好,
皆經過店家嚴選,料理時
可讓食物的滋味更上一層
樓。

▶ 東京都港区北青山3-11-7 Ao Building B1F
　 電話:03-3409-1231

營業時間:9:30～21:00
公休日:全年無休
HP:www.e-kinokuniya.com

MEIDI-YA HIROO STORE(明治屋 廣尾店)

平時販售15種以上的高
鮮度新鮮香草,亦售有搭
配香草的奶油、蜂蜜、紅
酒等種類豐富的商品。

▶ 東京都渋谷区広尾5-6-6　広尾PLAZA 1F
　 電話:03-3444-6221

營業時間:10:00～21:00
公休日:1月1～3日。不定期店休
HP:www.meidi-ya.co.jp

※以上為本書製作時的店家資訊,日後可能有所異動,建議前往之前先洽詢各店鋪的營業狀況。

國家圖書館出版品預行編目資料

療癒‧香氛‧自然：香草風，慢‧生活 /
フローレンス めぐみ監修；姜柏如翻譯.
-- 初版. -- 新北市：養沛文化館出版：雅書堂文化
發行, 2017.05
　面；　公分. -- (養身健康；107)
ISBN 978-986-5665-44-9(平裝)

1.香料作物 2.栽培 3.食譜

434.193　　　　　　　　　　　106004735

SMART LIVING養身健康觀 107

療癒‧香氛‧自然

香草風，慢‧生活

作　　者／フローレンス めぐみ
翻　　譯／姜柏如
發 行 人／詹慶和
總 編 輯／蔡麗玲
執行編輯／李宛真
編　　輯／蔡毓玲‧劉蕙寧‧黃璟安‧陳姿伶‧李佳穎
執行美術／陳麗娜
美術編輯／周盈汝‧韓欣恬
出 版 者／養沛文化館
發 行 者／雅書堂文化事業有限公司
郵政劃撥帳號／18225950
戶　　名／雅書堂文化事業有限公司
地　　址／新北市板橋區板新路206號3樓
電子信箱／elegant.books@msa.hinet.net
電　　話／（02）8952-4078
傳　　真／（02）8952-4084

2017年05月初版一刷　定價320元

HERB WO TANOSHIMU KURASHI NO RECIPE
Copyright © 2015 Asahi Shimbun Publications Inc.
All rights reserved.
Original Japanese edition published by Asahi Shimbun
Publications Inc.
This Traditional Chinese language edition is published by
arrangement with Asahi Shimbun Publications Inc., Tokyo in
care of Tuttle-Mori Agency, Inc., Tokyo through Keio Cultural
Enterprise Co., Ltd., New Taipei City

總經銷／朝日文化事業有限公司
進退貨地址／新北市中和區橋安街15巷1號7樓
電話／（02）2249-7714　　傳真／（02）2249-8715

Staff

設計／有澤眞太郎、上野舞（ヘルベチカ）
攝影
〔封面、P.2-3、P.20、P.40、P.42-44、P.46-48、P.50-53、
P.56-59、P.62-63、P.66-68、P.70-71、P.72-73〕：土田有里子
〔P.4-19、P.21-39、P.41、P.45、P.47、P.49、P.54-55、P.60-
61、P.64-65、P.69、P.74-75、P.80-91〕：大嶋千尋（朝日新聞
出版 寫真部）
〔P.79-91、P.94〕：加藤亮介
風格設計／花圈製作〔P.46-47〕：木村浩子
食譜協力／板橋里麻
香草栽種監修〔P.76-79〕：高橋真紀（生活の木 Medical Herb
Garden 藥香草園）
寫真協力〔P.80-91〕：近藤純夫
校閱／木串かつこ、関根志野、本郷明子
編輯／執筆：安藤美保子
協力／生活の木 Medical Herb Garden 藥香草園
攝影協力／studio LaMOMO group
企劃／編輯：市川綾子（朝日新聞出版 生活‧文化編輯部）

＊參考文獻：

‧ニールズヤード式 メディシナルハーブレッスン 〔監修〕：ニールズヤー
　ド スクール オブ ナチュラルメディスンズ 河出書房新社
‧ハーブティー ブレンドBOOK 心と体の不調に効く 〔作者〕：おおそ
　ねみちる 講談社
‧ハーブではじめるナチュラル生活—飾ってかわいい、食べておいし
　い、使って気持ちいい 昭文社
‧キレイをつくるハーブ習慣 〔作者〕：入谷栄一 経済界
‧メディカルハーブ安全性ハンドブック 〔監修〕：メディカルハーブ‧
　広報センター 東京堂出版